中国重要农业文化遗产系列读本
闵庆文 赵英杰 ◎丛书主编

江苏 JIANGSU 高邮湖泊湿地农业系统

GAOYOU HUPO SHIDI NONGYE XITONG

卢 勇 陈加晋 陈圆圆 主编

中国农业出版社
农村设物出版社
北 京

图书在版编目（CIP）数据

江苏高邮湖泊湿地农业系统／卢勇，陈加晋，陈圆圆主编．—北京：中国农业出版社，2019.11
（中国重要农业文化遗产系列读本／闵庆文，赵英杰主编）
ISBN 978-7-109-25707-8

Ⅰ．①江… Ⅱ．①卢… ②陈… ③陈… Ⅲ．①内陆湖－沼泽化地－农业系统－研究－高邮 Ⅳ．① S-01

中国版本图书馆 CIP 数据核字（2019）第 144639 号

江苏高邮湖泊湿地农业系统

中国农业出版社出版
地址：北京市朝阳区麦子店街 18 号楼
邮编：100125
责任编辑：张丽四 丁瑞华
责任校对：沙凯霖
印刷：中农印务有限公司
版次：2019 年 11 月第 1 版
印次：2019 年 11 月第 1 次印刷
发行：新华书店北京发行所发行
开本：710mm × 1000mm 1/16
印张：16
字数：210 千字
定价：65.00 元

编写委员会

丛书主编： 闵庆文　赵英杰

主　　编： 卢　勇　陈加晋　陈圆圆

副 主 编： 杨文喜　王卫生　仇家春　李　群　尤兆荣

编　　委（按姓氏笔画排列）：

冯　培　杨　金　伽红凯　余加红　汪　翔

陈　超　陈雪音　展进涛　焦雯珺　薛敏开

丛书策划： 宋　毅　刘博浩　张丽四

序言一

我国是历史悠久的文明古国，也是幅员辽阔的农业大国。长期以来，我国劳动人民在农业实践中积累了认识自然、改造自然的丰富经验，并形成了自己的农业文化。农业文化是中华五千年文明发展的物质基础和文化基础，是中华优秀传统文化的重要组成部分，是构建中华民族精神家园、凝聚中华儿女团结奋进的重要文化源泉。

党的十八大提出，要“建设优秀传统文化传承体系，弘扬中华优秀传统文化”。习近平总书记强调，“中华优秀传统文化已经成为中华民族的基因，植根在中国人内心，潜移默化地影响着中国人的思想方式和行为方式。今天，我们提倡和弘扬社会主义核心价值观，必须从中汲取丰富营养，否则就不会有生命力和影响力”。云南哈尼族稻作梯田、江苏兴化垛田、浙江青田稻鱼共生系统，无不折射出古代劳动人民吃苦耐劳的精神，这是中华民族的智慧结晶，是我们应当珍视和发扬光大的文化瑰宝。现在，我们提倡生态农业、低碳农业、循环农业，都可以从农业文化遗产中吸收营养，也需要从经历了几千年自然与社会考验的传统农业中汲取经验。实践证明，做好重要农业文化遗产的发掘保护和传承利用，对于促进农业可持续发展、带动遗产地农民就业增收、传承农耕文明，都具有十分重要的作用。

中国政府高度重视重要农业文化遗产保护，是最早响应并积极支持联合国粮农组织全球重要农业文化遗产保护的国家之一。经过十几年工作实践，我国已经初步形成“政府主导、多方参与、分级管理、利益共享”的农业文化遗产保护管理机制，有力地促进了农业文化遗产的挖掘和保护。2005年以来，已有15个遗产地列入“全球重要农业文化遗产名录”，数量名列世界各国之首。中国是第一个开展国家级农业文化遗产认定的国家，是第一个制定农业文化遗产保护管理办法的国家，也是第一个开展全国性农业文化遗产普查的国家。2012年以来，农业部[①]分三批发布了62项“中国重要农业文化遗产”[②]，2016年发布了28项全球重要农业文化遗产预备名单。2015年颁布了《重要农业文化遗产管理办法》，2016年初步普查确定了具有潜在保护价值的传统农业生产系统408项。同时，中国对联合国粮农组织全球重要农业文化遗产保护项目给予积极支持，利用南南合作信托基金连续举办国际培训班，通过APEC（亚洲太平洋经济合作组织）、G20（20国集团）等平台及其他双边和多边国际合作，积极推动国际农业文化遗产保护，对世界农业文化遗产保护做出了重要贡献。

---

①农业部于2018年4月8日更名为农业农村部。

②截至2019年9月，农业农村部共发布四批91项“中国重要农业文化遗产”。

当前，我国正处在全面建成小康社会的决定性阶段，正在为实现中华民族伟大复兴的中国梦而努力奋斗。推进农业供给侧结构性改革，加快农业现代化建设，实现农村全面小康，既要借鉴世界先进生产技术和经验，更要继承我国璀璨的农耕文明，弘扬优秀农业文化，学习前人智慧，汲取历史营养，坚持走中国特色农业现代化道路。“中国重要农业文化遗产系列读本”从历史、科学和现实三个维度，对中国农业文化遗产的产生、发展、演变以及农业文化遗产保护的成功经验和做法进行了系统梳理和总结，是对农业文化遗产保护宣传推介的有益尝试，也是我国农业文化遗产保护工作的重要成果。

我相信，这套丛书的出版一定会对今天的农业实践提供指导和借鉴，必将进一步提高全社会保护农业文化遗产的意识，对传承好弘扬好中华优秀文化发挥重要作用！

农业部部长 韩长赋

2017年6月

序言一

自有人类历史文明以来，勤劳的中国人民运用自己的聪明智慧，与自然共融共存，依山而住、傍水而居，经过一代代努力和积累，创造出了悠久而灿烂的中华农耕文明，成为中华传统文化的重要基础和组成部分，并曾引领世界农业文明数千年，其中所蕴含的丰富的生态哲学思想和生态农业理念，至今对于世界农业可持续发展依然具有重要的指导意义和参考价值。

针对工业化农业所造成的农业生物多样性丧失、农业生态系统功能退化、农业生态环境质量下降、农业可持续发展能力减弱、农业文化传承受阻等问题，联合国粮农组织（FAO）于2002年在全球环境基金（GEF）等国际组织和有关国家政府的支持下，发起了“全球重要农业文化遗产（GIAHS）”项目，以发掘、保护、利用、传承世界范围内具有重要意义的，包括农业物种资源与生物多样性、传统知识和技术、农业生态与文化景观、农业可持续发展模式等在

内的传统农业系统。

全球重要农业文化遗产的概念和理念甫一提出，就得到了国际社会的广泛响应和支持。截至2014年年底，已有13个国家的31项传统农业系统被列入GIAHS保护名录。经过努力，在2015年6月结束的联合国粮农组织大会上，已明确将GIAHS工作作为一项重要工作，纳入常规预算支持。

中国是最早响应并积极支持该项工作的国家之一，并在全球重要农业文化遗产申报与保护、中国重要农业文化遗产发掘与保护、推进重要农业文化遗产领域的国际合作、促进遗产地居民和全社会农业文化遗产保护意识的提高、促进遗产地经济社会可持续发展和传统文化传承、人才培养与能力建设、农业文化遗产价值评估和动态保护机制与途径探索等方面取得了令世人瞩目的成绩，成为全球农业文化遗产保护的榜样，成为理论和实践高度融合的新的学科生长点、农业国际合作的特色工作、美丽乡村建设和农村生态文明建设的重要抓手。自2005年“浙江青田稻鱼共生系统”被列为首批“全球重要农业文化遗产系统”以来的10年间，我国已拥有11个全球重要农业文化遗产，居于世界各国之首；2012年开展中国重要农业文化遗产发掘与保护，2013年和2014年共有39个项目得到认定，成为最早开展国家级农业文化遗产发掘与保护的国家；重要农业文化遗产管理的体制与机制趋于完善，并初步建立了“保护优先、合理利用，整体保护、协调发展，动态保护、功能拓展，多方参与、惠益共享”的保护方针和“政府主导、分级管理、多方参与”的管理机制；从历史文化、系统功能、动态保护、发展战略等方面开展了多学科综合研究，初步形成了一支包括农业历史、农业生态、农业经济、农业政策、农业旅游、乡村发展、农业民俗以及民族学与

人类学等领域专家在内的研究队伍；通过技术指导、示范带动等多种途径，有效保护了遗产地农业生物多样性与传统文化，促进了农业与农村的可持续发展，提高了农户的文化自觉性和自豪感，改善了农村生态环境，带动了休闲农业与乡村旅游的发展，提高了农民收入与农村经济发展水平，产生了良好的生态效益、社会效益和经济效益。

习近平总书记指出，农耕文化是我国农业的宝贵财富，是中华文化的重要组成部分，不仅不能丢，而且要不断发扬光大。农村是我国传统文明的发源地，乡土文化的根不能断，农村不能成为荒芜的农村、留守的农村、记忆中的故园。这是对我国农业文化遗产重要性的高度概括，也为我国农业文化遗产的保护与发展指明了方向。

尽管中国在农业文化遗产保护与发展上已处于世界领先地位，但比较而言仍然属于“新生事物”，仍有很多人对农业文化遗产的价值和保护重要性缺乏认识，加强科普宣传仍然有很长的路要走。在农业部农产品加工局（乡镇企业局）的支持下，中国农业出版社组织、闵庆文研究员及赵英杰担任丛书主编的这套“中国重要农业文化遗产系列读本”，无疑是农业文化遗产保护宣传方面的一个有益尝试。每本书均由参与遗产申报的科研人员和地方管理人员共同完成，力图以朴实的语言、图文并茂的形式，全面介绍各农业文化遗产的系统特征与价值、传统知识与技术、生态文化与景观以及保护与发展等内容，并附以地方旅游景点、特色饮食、天气条件。可以说，这套书既是读者了解我国农业文化遗产宝贵财富的参考书，同时又是一套农业文化遗产地旅游的导游书。

我十分乐意向大家推荐这套丛书，也期望通过这套书的出版发行，使更多的人关注和参与到农业文化遗产的保护工作中来，为我国农业文化的传承与弘扬、农业的可持续发展、美丽乡村的建设做出贡献。

是为序。

李文华

中国工程院院士

联合国粮农组织全球重要农业文化遗产指导委员会主席

农业部全球/中国重要农业文化遗产专家委员会主任委员

中国农学会农业文化遗产分会主任委员

中国科学院地理科学与资源研究所自然与文化遗产研究中心主任

2015年6月30日

前言

高邮又称秦邮，地处江淮之间，位于江苏省陆域地理几何中心，是苏中重要门户，现为世界遗产城市、国家历史文化名城、中国民歌之乡、中华诗词之乡、全国集邮之乡、中国建筑之乡等。

高邮由水而生、以“邮”为名，拥有7 500年的文明史和2 200多年的建城史，自古就收获了“江左名区”“鱼米之乡”的赞誉。当地历千百年而孕育出的“高邮湖大闸蟹”为世之珍馐，秦少游爱食、苏东坡好食、曾吉甫唱食、汪曾祺惜食；由中国三大名鸭之一的“高邮麻鸭”生产的“双黄鸭蛋”，红白相间、珠联璧合，乃蛋中一绝……不过，在我们感叹高邮丰厚的历史底蕴，或是精粹的饮食文化之时，请别忘了这一切的缔造者——高邮湖泊湿地农业系统。

高邮湖泊湿地农业系统以中国第六大淡水湖、国家级湿地“高邮湖湿地”为核心区，占地超760千米^2，其中：大湖居中，达648千米^2；滩涂环绕，占112.67千米^2。高邮湖湿地是当地的“母亲湖”“救命湖”，从距今7 500年的新石器时代起，湿地内就诞生了发达的龙虬庄农业文明，后历经沧桑，兴于唐、盛于宋，名扬天下。明清时期，随着黄河南下夺淮，高邮地区水患频发、灾害相迭，地理环境发生了沧海桑田的剧变，在当地乡民创造性地探索下，以稻鸭鱼蟹为核心的立体、循环农作模式应运而生，高邮湖泊湿地农业日臻成熟。

2017年6月，高邮湖泊湿地农业系统成功入选“中国第四批重要农业文化遗产”，成为第一个入选中国重要农业文化遗产的以水为主的农业文化遗产，由此也开启了高邮湖泊湿地农业保护与利用的新篇章。我们相信，随着人们对重要农业文化遗产价值及保护重要性认识的不断深化，高邮湖湿地将得到更好地保护、传承和利用，并将向世界展示中国更多古老湿地的农业文明与智慧，完美彰显高邮儿女创造的独特文化和民俗风情。

本书是中国农业出版社策划的“中国重要农业文化遗产系列读本”之一，旨在让广大读者更好地了解高邮湖湿地农业这一天人合一、物阜民丰的水乡遗珍。全书包括九个部分：“引言”介绍了高邮湖湿地农业的概况。“绵延千年：高邮湖泊湿地农业的‘前世今生’”阐述高邮湖湿地农业沧桑厚重的地理与历史渊源。“生态之基：国家级湿地‘高邮湖’”分析了高邮湖对于当地，乃至整个江苏省生态环境都具有的重大影响力。“立体画卷：高邮湖泊湿地的自然与农业景观”勾勒了在大湖与滩涂组成的空间下，经人力与自然谋合，以水土描绘勾勒而成的立体式景观。“天人合一：‘稻鸭鱼蟹’复合经营的技术精华”详解了区域内稻鸭共作、鱼鸭混养、鱼蟹混养、鱼类混养等传统湿地农作模式的精华。“独具风情：高邮湖泊湿地的民俗文化”

分析了以高邮湖为源构筑而成的水文化，和在此基础上衍生出的渔文化、鸭文化、蛋文化、邮文化等。“物阜民丰：高邮湖泊湿地的农产佳品”介绍了以高邮鸭、高邮双黄鸭蛋与咸鸭蛋、高邮湖大闸蟹、珠湖鱼虾（银鱼、梅鲚、“四喜”、鲫鱼、甲鱼、鳊鱼、泥鳅、青虾等）、菱乡特产（菱塘鹅、菱塘鸡）等为代表的湿地特色农产。“遗产保护：高邮湖泊湿地农业的未来之路”阐释了当前高邮湖泊湿地农业所面临的困境与破境之道。“附录”部分介绍了高邮湖泊湿地农业系统发展的大事记、当地旅游资讯及全球/中国重要农业文化遗产名录。

本书是在江苏高邮湖泊湿地农业系统的申报文本、保护与发展规划的基础上，通过进一步调研编写完成的，是集体智慧的结晶。全书由卢勇、陈加晋设计框架、统稿和校稿。陈加晋博士负责本书第一、第二、第三、第五、第六章内容的编写，陈圆圆硕士负责本书第四、第七章内容的编写。本书编写过程中，得到了高邮市委常委、副市长杨文喜，江苏省农委休闲农业处王卫生主任，高邮市农委副主任、高邮市鸭蛋行业协会会长尤兆荣等当地政府部门领导、同志的帮助和支持，在此一并表示感谢！同时还要感谢中科院地理研究所的闵庆文教授对本书的大力指导，袁正博士、焦雯珺博士等对书稿的建议，以及南京农业大学中华农业文明研究院院长王思明教授、南京农业大学经济管理学院展进涛教授、江苏省农业科学院汪翔研究员等同仁的鼎力支持，谢谢你们！

本书对湖泊湿地生物系统的相关阐述与分析，特别是以“稻鸭鱼蟹”为核心的农业物产与鸟兽虫蔬的野生动植物资源等共同构建的物产资源库及物产知识，具有较高的史料价值和现实意义，是国家社科基金重大项目“方志物产知识库构建及深度利用研究”（项目号：18ZDA327）的阶段性成果之一。由于作者水平有限，加之

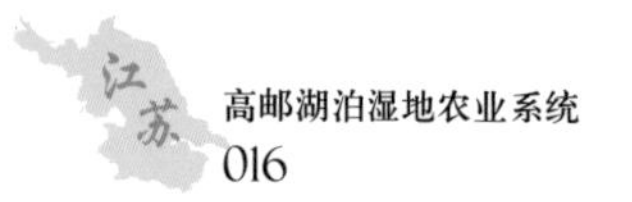

时间仓促，本书难免存在不当甚至谬误之处，敬请专家、读者批评指正！

编　者

2018年12月4日

目录

四 天人合一：“稻鸭鱼蟹”复合经营的技术精华 /109

五 独具风情：高邮湖泊湿地的民俗文化 /125

六 物阜民丰：高邮湖泊湿地的农产佳品 /153

七 遗产保护：高邮湖泊湿地农业的未来之路 /187

附录 /203

引言

江苏高邮湖泊湿地农业系统是中国重要农业文化遗产名录中首个、也是目前唯一一个以水为主体的农业文化遗产，其类型独特、内涵丰富，且自成体系。在这里，湿地不仅是一种特殊的水土地貌，还是代代承袭的耕作方式，更是江淮东部地区湿地文化的载体。

漫步高邮湖湿地，仿佛置身于一个水土相间的奇妙世界。湖面缥缈无涯，滩涂广袤无边，收获的是清新的元气与神清气爽的惬意，感悟的是绵延悠长的历史底蕴，一边怀念着从湿地走出的代代先贤，一边体验着绵柔而缤纷的湿地民俗风情。徜徉湖面，目之所及，平湖悠悠、清波点点，水下萍花汀草，水上壮美秀丽；穿梭滩涂，可闻尽芦荡掩映中的鸟啭莺啼、饱览稻浪翻滚下的浮鸭戏鱼，再加上以双黄鸭蛋、高邮湖大闸蟹等湿地农产为食材以典型的淮扬菜加工方式制作而成的各种美食，此等美景美食令人流连忘返，不知今为何夕。

绵延千年的农业历史。高邮湖湿地农业历史悠久，上承新石器时代，下启新时代。早在距今7 500年前，高邮湖区就已是一方原隰衍沃，并诞生了绚丽的文明之花。湿地先民依托独特的水土环境，捕鱼猎兽、刀耕水耨。隋唐时期，人与湿地初步谋合，湖区大兴陂塘。陂塘完竣，润泽一方，沮洳化为良田，鱼米之乡的景象初现。北宋乡贤荟萃，前有孙觉夜遇甓社珠光，被后人奉为奇闻祥瑞；后有秦观以湿地农产礼赠师友苏东坡，在民间被传为佳话。明清时期，黄河南侵、淮渎为灾，高邮湖由数个累累相连的串珠连并为一方环以万顷的巨湖。在洪灾的肆虐下，湿地乡民积极抗洪保农、变害为利，湿地农业破而后立，臻至成熟。

无可替代的生态功能。高邮湖湿地农业的作业区，即高邮湖湿地，本身就是一个完整而巨大的生态系统。对于一域天地来说，它是自然的“调节器”，四方川流汇于此，蓄水万方、供水万家，调洪排涝、控温增湿；它还是自然的“肾器”，可使污水涤为清波，毒水解为净水。而对于数百个动植物“家族”来说，水土相间的湿地是其生长、聚集、繁衍、栖息的理想沃野，这里丰草长林、鸟兽群集，高邮湖湿地也因此收获了“生物超市”“基因库”等美名。不过在这千姿百态的湿地生灵之中，鸟类是最为灵动娇艳的，它们是当地最有保护价值的生物资源。

立体如画的湿地景观。在“八水二地”的高邮湖湿地，水是勾勒的线条，土则是涂抹的色彩。湖面碧波万顷，“秦邮八景”中有四景由大湖而生，乃一派典型的大湖景象，壮美秀丽是它的肌骨，气象万千是它的性情，而渔歌唱晚则是它的睡容。滩涂河沟交错、港汊纵横，湖荡里，岸芷汀兰鸟莺啭；稻田中，鱼虾穿浮鸭戏水；苇丛中，白絮飘零野鸭飞；堤坝上，淡淡邗沟杨柳烟。更奇特的是，由于水量有多有寡、水位有涨有落，所以高邮湖湿地能在四季交替中变换出不同的妆容，或见绿洲星罗棋布，或见座座浮岛别亭，整片湿地就是人、畜、树、草、兽、鸟和谐共生的立体画卷。

独具风情的民俗文化。高邮湖泊湿地农业区历经7 000载而不衰，湿地乡民世世代代依湖而生、傍水而作，其中蕴含的民俗文化自是绵长多样。水是整个湿地地区的文明之源，由此发源的水文化是当地的母文化。湖水守护当地万家，乡民崇拜湖水千年，水早已深深融入高邮人的肌骨，高邮人也具有温润如玉、柔和绵软的“水性”。以水为基，当地又孕育出了以高邮麻鸭和双黄鸭蛋为核心的“鸭文化”、以渔业生产生活为主体的“渔文化”、以邮传为主题的“邮文化”等，这些民俗文化各具特色、交相辉映，共同构成了高邮湖湿地丰富的人文资源。

湿地特色的农产佳品。高邮湖湿地水濯质清、泥腴质肥，水土交融而生的农产，自然颇具湿地特色。不管是碧波悠悠的湖中，还是稻浪翻滚的滩涂上，水禽高邮鸭是最为灵动的精灵，它们常在一阵穿梭浮潜后，于一处长草苇穰里，诞下数枚蛋卵，其中很可能就藏有蛋中珍品“双黄鸭蛋”，此蛋蛋白如璧玉、蛋黄似玛瑙，珠联璧合，堪称一绝。碧波之下则是鱼虾蟹的主场，以“高邮湖大闸蟹”最为恣意霸道，盖因其拥有“腿长爪金、黄多脂厚”的资本。其余如银鱼、梅鲚、“四喜”、鲫鱼、甲鱼、鳊鱼、泥鳅、青虾等水族，或是成群集会，或是闲散游荡。至于菱塘回乡里，不仅有清波白羽的菱塘鹅，还有昂头翘尾的菱塘鸡。

近年来，随着高邮湖湿地区经济的快速发展，高邮湖也面临越来越严峻的挑战。因工业、农业和生活污染物的不断排入，高邮湖水质逐步恶化；因人类过度使用耕地，珍贵而具有重要生态功能的滩涂区域正逐步萎缩；因人类过度索取与乱砍滥伐，加之外来物种的威胁，使得湿地内动植物资源的种类与数量正在锐减，农业生物基因资源丧失严重。此外，在第二、第三产业勃发之时，农业的比较效益不断降低，许多年轻劳动力放弃从事和管理湿地农业，传统的生产方式及文化生活状态受到严重冲击。如果这种状态继续发展下去，那么湿地农业将面临着逐步消失的危险。因此，延续传承、有效保护、合理利用湿地农业的任务已经迫在眉睫，这也是本书作者的初衷和最迫切的期望。

一

绵延千年：高邮湖泊湿地农业的『前世今生』

欲知其然，先溯其源。高邮湖泊湿地，上承新石器时代，下启新时代。早在距今7 000～5 500年，这里就已是一方原隰衍沃，先民们采集渔猎、刀耕水耨，绵延千年的农业文明史自此奠定而成。沿至隋唐，高邮湖区因地随形、大兴陂塘，“鱼米之乡”的景象初现。宋承唐韵，新湖积库而生，旧湖碧波渺漫。当地物华天宝、人杰地灵，以孙觉、秦观为代表的乡贤们抒写了一幕幕湿地情缘。至明清时期，黄河夺淮南侵，高邮湖连成一湖后，常常延漫为灾、倾庐毁田，而当地乡民因地制宜、变害为利，以稻鸭鱼蟹为核心的立体农作模式应运而生，高邮湖泊湿地农业日臻成熟。

（一）新石器时代龙虬庄的先民生活

以新石器时代为始，龙虬文化为源，高邮湖泊湿地农业距今7 000～5 000年开始萌芽。早在距今7 500年前左右，高邮湖区就已基本演变为湿地面貌，集陆地、河湖、沼泽、河谷为一体。湿地先民自踏入这片水土相间的沃土后，便依托得天独厚的水土环境，一面捕鱼猎鹿，采集渔猎；一面刀耕水耨，发展稻作，由此奠定了千年湿地农业的生产方式与农作结构。

江淮文明之花：高邮龙虬文化

高邮龙虬文化距今有7 000～5 000年，它弥补了江淮东部地区新石器时代早期文化的空白，被誉为“江淮文明之花”。而龙虬文化的命名及主体遗址为“龙虬庄遗址”。

龙虬庄遗址于1970年被发现，位于今江苏省高邮市龙虬镇龙虬庄村的村北。1993年5月，由南京博物院牵头实施第一次考古发掘，并被评为“1993年中国十大考古新发现”之一；到1995年止，共进行4次发掘。

无论是从出土文物、发现遗迹的数量，还是从文化序列的完整性来看，龙虬庄遗址都堪为江淮东部地区最大的一处新石器时代早期遗址。其出土的陶文，比甲骨文早1 000多年；出土的炭化水稻，将我国人工栽培水稻的历史提早到5 500年前；出土的骨箸，被认为是中国最早的筷子。

1．白水环绕，鱼跃鹿鸣

钟灵毓秀之地，多是一方原隰衍沃，高邮湖区亦是如此。从地质学证据看，当地的湿地面貌由“燕山运动”造化而成。地壳受力，褶皱隆起，高峰耸立，山脉绵延。历时亿万年后，山体运动逐步和缓、沉陷，并于长江、淮河之间形成一处坳陷沃野。因濒临东海，所以湖区多次受海水浸淹，第四纪最后一次海侵后，西山缓升，湖区成为陆地，陆上洼地积水成湖。

湖区南北，有长江、淮河两条巨渎并行冲击，泥沙俱下，沉积两岸，长江三角洲与淮河三角洲遂以沙嘴形状淤垫而成。两渎奔流入海，陆洲东进，海湾随之退缩，而东海有洋流回旋，海浪也常横向冲击，纵贯南北的沙堤得以积筑而成，并进一步向东延伸。自此，高邮湖泊湿地所在的浅海湾上沿清淮，下衔南渎，左靠群山，右环丘土，演变成了一个较封闭的潟湖平原。

全新世时（开始于12 000～10 000年前），高邮湖区气候转暖，呈典型的北亚热带温暖气候。当地四季分明，雨热同季，阳光丰沛，雨水充盈，浅洼处有塘湖，山丘间有河谷。至7 500年前左右，当地气候开始由温暖向凉干转变，降雨量及水域面积稍有减少，加之江淮泥沙的进一步填积淤散，陆地面积有所增加，大小河湖被分割成一块块的湖荡沼泽。

龙虬庄遗址公园（高邮市政府／提供）

至此，高邮湖区经历了从滨海相到河湖交替相，再到湖沼相的演变，已基本蜕变为一处原隰衍沃。那些来自降雨或山川的水流，同时也是催发土地臻至膏肥腴良的精华甘露，它们在漫流浸润过每一寸土地的肌肤后，又依形而汇、依势而贮，以河、塘、湖、沼、泽等多种形式镶嵌在这片沃野上。温润的气候，肥沃的土地，加之发达的河网、交错的湖沼等水土条件，湖区自然是丰草长林、木秀花繁。草长莺飞，鸟语花香，在丰富的野生植物资源（表1）的吸引下，大量野生动物纷纷来此繁衍生息。在人类之前，鸟兽虫鱼才是这片湿地的真正主人。

表1 高邮龙虬庄遗址鉴定统计的野生植物孢粉

遗址形成前	木本	松属、青冈属、栎属、栲属、枫杨属、枫香属、榆属、榛属、杨梅属、桦属、鹅耳枥属
	草本	禾本科、蒿属、水蕨、香蒲、蓼属、海金沙属、藜科、伞形科、荇菜属、十字花科、莎草科、毛茛科、眼子菜科、黑三棱、菊科、水龙骨科、紫萁属
遗址形成时	木本	松属、栎属、栲属、栗属、榆属、青冈属、水青冈属、桤属、鹅耳枥属、枫香属、椴属、山核桃属、朴属、枫杨属、杉科、柏科、槭属、杨梅科
	草本	禾本科、蒿属、蓼属、藜科、毛茛科、香蒲属、黑三棱、眼子菜科、水龙骨科、水蕨、菱属、十字花科、菊科、狐尾藻、伞形科、荇菜科、海金沙属、莎草科、百合科、紫萁属

不同的水土互动，自然会诞生出不同的生命个体或群体。在高地上，分布有亚热带落叶阔叶林混生的常绿阔叶林，郁郁葱葱、层林叠翠。常绿阔叶乔木有青冈、水青冈、栲等，落叶乔木有栗、栎、枫香、榆等，风吹林动，蔚为壮观，林下则错落分布着中生、旱生的草本植物，以伞形科、藜科、蒿等为主。

而密布的河塘里，芦苇丛生、水草茂盛。水边长满香蒲，水中漂浮荇菜。一片绿意盎然的浮萍香藻中，也常会见到一簇簇水蕨出水挺立、向阳而生。至于水下，则是水生动物的天堂，鱼逐青荇，龟吐灵烟，还有蚌、蚬、鳖、贝、螺等。各色古老的水族动物，真是应有尽有。

至于湖沼，常与草泽绿地相连。水生、中生、旱生植物随水量呈梯度分布，各有群落地盘。草丛掩映之中，栖息有不少喜暖湿性气候的动物，以梅花鹿、麋鹿、小麋、獐子等族群为主。它们灵动跳跃，是这片自然里最自由的生灵。在旺盛精力地驱使下，麋鹿们常常奔跑在广袤的草地上，时而偷食还未成熟的杨梅；时而逗逗草原上略显笨拙的邻居猪獾；甚至在更远一点的河谷地，也会发现它们嘬水的优美身姿。而能让它们逗留的事物，要么是甘美的水草，要么是漂亮的鸢尾。

龙虬庄遗址模拟的史前环境（高邮市政府/提供）

龙虬庄遗址模拟的史前房屋（高邮市政府/提供）

2. 采籽猎兽，捕鱼摸贝

正在捕鱼的龙虬先民（雕塑）
（高邮市政府/提供）

距今7 000年前，正是在这个温暖气候的最佳适宜期里，第一批龙虬庄先民不惜露宿风餐、涉水百里，踏入了高邮湖区这块美妙的处女地。

对于初至的先民来说，“水土相间”应该是高邮湖区沃野带给他们的第一印象。经过一番考量之后，先民们选择了平原东北部的一处高地作为聚落地点，即今龙虬庄遗址所在地。此处高地东西长约240米，南北宽约180米，方圆约43 000米^2，地势平坦，土质较硬，不受水害，先民们可以安心地构木为屋、聚群而作，而且由于高地四周环水，取水也十分方便。龙虬庄先民们独具慧眼发现了这块宝地。

民以食为天。与新石器时代其他地域的文明一样，“采集渔猎”是当地先民获取食物的最主要的方式，不过由于湖区地形复杂、地貌多样，集陆地、河谷、湖泊、沼泽为一体，采集渔猎的场所较一般地区要更广阔一些；加之渔猎工具的制作和不断改进，所以即使没有借助龙虬庄遗址出土的众多鱼石兽骨，我们也能大致勾勒出龙虬先民地執饶食的“富足”生活（表2）。

表2　高邮湖泊湿地丰富的野生食材

野生动物食材	曲蚌、裂齿蚌、篮蚬、中国圆田螺、鲤鱼、青鱼、乌鳢、乌龟、中华鳖、麋鹿、梅花鹿、獐、小麋、猪獾
野生植物食材	菱角、芡实、野稻、木果（橡子、杨梅、栗子等）

对于龙虬先民来说，房前屋后的河湖水网既是藏有丰硕食材的“聚宝盆”，又是他们最主要的作业场之一。水上采菱摘芡，水下捕鱼摸贝，甚至有时还能捕获到正在水边汲水甩尾的野水牛。芡实多浮于池塘湖沼，菱角多在池塘小河中连枝开蔓，两者均富含淀粉，所以在水稻成功栽培之前，它们一直占据“主粮”的位置。至于河湖所产的鱼、龟、鳖、蚌、蚬、螺等美味“河鲜”，则是保障当地先民蛋白质、维生素和矿物质等营养需求的重要来源。据龙虬庄遗址出土文物可见，当时水产的捕食量十分大，甚至还专门开挖了一个临时的养鱼坑，以放养暂时吃不完的鱼类。

树丛草泽里的食材，以麋科、鹿科等哺乳动物为主，品种数量虽不如水产类，捕获难度也较大，需群力协策、多费劳力，但却深受先民的青睐。哺乳动物体大、肉多、脂厚，经先民们一番开膛破肚后，

高邮湖泊湿地先民智慧而特色的渔猎工具：骨角器

在先民的渔猎活动中，工具无疑起着关键性作用，甚至“石器时代”的划分就是以工具为标志。石器时代，自然以石制工具为重，但高邮湖泊湿地，地处水荡沼泽，周围无山，更无石块，何来工具？

面对这一难题，当地先民另辟蹊径，以捕获的麋鹿兽骨为原料，断取骨料、加工骨器，从而制成了颇具特色的“骨角器”。遗址出土的骨角器数量众多，有数百件，仅次于陶器；种类也十分多样，包括叉、镞、镖、矛、斧等，达到了十多种。考古专家指出：“发达的骨角器是龙虬庄遗址最具特征的文化遗物之一。”

骨镞和骨镖 分别有299件和14件，由动物细长坚硬的肋骨，稍作加工即可制成。

骨凿 共32件，用动物肢骨剖成较窄的条状，磨出刃部。依刃的不同，分为两个亚型。

角叉 共出土17件，完好者6件，由麋鹿角的分叉制成，外形呈“丫”字形，故名“角叉”。角叉叉长大致在14～15厘米，上部磨成尖刃或扁刃，下部刳空成銎，銎径为3～4厘米，銎孔中可以纳入长长的木柄。

角铲与角锹 角叉在顶端的銎孔内装木柄，即为铲或锹。

角二齿镐与角二齿耙 角叉在侧面的方孔内装木柄，则为二齿镐或二齿耙。

角斧 利用麋鹿角的自然形态，截取角的主干及第一分叉的叉枝制作而成。高将近20厘米，上端截为平面，下端磨出略带弧形的刃口，斧柄长40多厘米。

就可以架灶烹饪，填肠果腹，更能取其骨骼制成器物，缝其皮毛制成衣服，尤其是麋鹿，被当地人类视作最主要的捕猎对象，其在龙虬庄

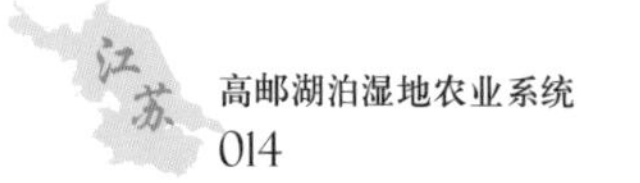

遗址中出土的骨骼数量也是最多的。

3．水稻种植，冠绝淮东

在白水环绕、润泽一方的湿地环境里，采集渔猎似乎已能保证湿地先民的需要，不过先民们并未满足于温饱现状，而是开始栽培水稻，并有意识地选育良种来提高产量。对于他们来说，这仅是一项谋生糊口之举，却不曾想在中国稻作史上留下了浓墨重彩的一笔。水稻种植是高邮湖泊湿地农业文明在我国原始社会发展史上作出的最突出的贡献之一。

迄今为止，我国发现的新石器时期稻作遗存有95%在长江流域，而高邮湖区是我国东南地区距今7 000年前纬度最高的一处稻作农业

正在做饭的龙虬先民（雕塑）（高邮市政府／提供）

文明，将我国东南沿海一带距今7 000年的水稻栽培区向北推进，从长江以南推到了淮河以南。而且湖区稻作农业在发展过程中，已懂得通过改良种质来提高产量，代表了同时期中国稻作农业的最高技术水平，并把我国水稻栽培史上人工有意识地选育优化品种提早到距今至5 500年前。

湖区考古发掘出土的炭化稻有4 000多粒，是江淮东部遗址中发掘最多的。发达的稻业与绵长的稻史，是对这些数量繁多的炭化稻粒的准确诠释。早在7 000年前，先民初至，湿地鱼跃鹿鸣、物产丰富，想来还并未有四时之缺、饥谨之患，但先民们就已经未雨绸缪，开始尝试栽培稻谷，并一直贯穿整个史前文明的始终。

悠悠史前稻作史，以先民发现野生水稻具有可栽培性、可储藏性及可选育性为始，之后，便有意识地选择落粒性低、颗粒大的稻粒作为稻种，再选取近水的低湿荒地，匡地作田，刀耕水耨、除草开荒之后，播下野生稻种。起初，水稻因生长环境的改变和粗放的耕种方式，产量极低。随着环境的改善、技术的增进，加之人们不断选优弃劣，稻作生产保持了一定的增长。从距今7 000～6 300年的沧海岁月里，野生稻一直向栽培稻缓慢过渡。直到距今5 500年前左右，稻种终于发生质变，颖间无芒，粒连枝梗，籽粒大小及重量上已十分接近现代稻种，这表明人工栽培稻基本形成。此时，水稻产量急剧增长。与最初相比，高邮湖泊湿地水稻产量增长了近18倍。

（二）隋唐时期的陂塘农业

陂塘，即将周边水源依地势地形汇聚到低洼之处而形成的集中水体，可借助山地丘陵起伏的地形“截”四时泉水，亦可依据河湖湿地间的低洼地势“蓄”四方川流。这种对湿地与山区面貌的改造之法，起源已久，我国第一部国别史书《国语》中的《周语下》中就有记载：“夫天地成而聚于高，归物于下；疏为川谷，以导其气；陂塘污庳，以钟其美。”隋唐时期，基于人与湿地初步谋合的需求，高邮湖泊湿地地区地开始大兴陂塘。陂塘完竣，润泽一方，自此，高邮湖泊湿地区“鱼米之乡”的景象初现。

1. 修塘之需：一方沮洳垦良田

高邮湖区的兴修陂塘之需，根在“地利”。作为典型的江淮湿地区，高邮湖区虽也是白水黑土、萍花汀草的一处妙地，但涂泥湿下、耕作不易，正如《禹贡》所言：“厥草惟夭，厥木惟乔。厥土唯涂泥，厥田唯下下。”湖滨湿地外围，又多是低山浅丘，山地泉水四时不竭、顺势流淌，但地表透水性稍差、蓄水能力不及。每至旱魃为虐

沮洳沼泽（高邮市政府／提供）

之时，山区无水，尽成旱田；湿地有水，却无法取用。而每逢列风淫雨之日，低山暴流而下，湿地则积潦为患。当地虽可依靠丰富物产而四食不缺，但久旱雨涝之下必然农业不张，所以民众虽无冻饿之人，但也无千金之家。想要发展农业，扩大耕作规模，对湿地环境进行适当的改造就显得十分必要。

“陂塘”即是一副绝佳的“对症之药”。陂塘的兴建，既可在涝时“拦洪杀潦”，又可在旱时“灌溉润田”，平时还可“滞水蓄流”，这样，蓄水灌溉与余水、洪水的宣泄之间实现完美的互补和平衡。如此功能俱全的陂塘，兴建难度却不高，耗靡也不多，代价更不大。高邮湖泊湿地水系发达，只需在沿河洼地筑堤蓄水，或围湖筑堤，或者索性是修筑河道水库；低山地区，则依据地形之利，于山谷或凹地边缘进行人工围筑即可。总体来看，陂塘工程多为土石竹木，标准不会太高。

在高邮湖泊湿地之前，全国各地已有太多兴建陂塘的成功范例可循。畿甸中原，早在西汉时期就已兴起修陂建塘的热潮。汉元帝时期，南阳太守召信臣于建昭五年（公元前34年）主持修建三水门，以壅遏湍水；后元始五年（5年），又再扩建三石门，合称“六门陂”。江淮地区紧随其后，于东汉至南朝期间始大力兴修，著名的扬州“陈公塘”、句容“赤山塘”、丹阳“练湖”和“新丰湖”等即兴建于这一时期。陂塘甫一修浚，多造福一方。据《后汉书·马棱传》记载，东汉章和元年（87年）马棱任广陵郡（今扬州）太守时，看见当地谷贵民饥，遂兴复陂湖，“灌溉二万余顷，吏民刻石颂之”。后东汉建安四年（199年），陈登在扬所建的“陈公塘”，更是为溉为陆、润泽万顷。

处沮洳润泽之地，鉴四方修塘之利，高邮湖泊湿地区兴建陂塘，不仅必需，更是必然。起初，高邮湖区地广人稀，地執饶食，可不待贾而足，但到两晋南北朝时期，前遭“八王之乱”，后蒙“永嘉之乱”，中原萧条，白骨遍野，以至于“衣冠南渡多崩奔”。据记载，自晋代永嘉至南北朝刘宋之季，南渡的北人约有90万，迁至今江苏者有26万人；未过江（长江）者，则聚居扬州地区最多，所以唐代韩愈曾曰："士多避处江淮间。"

基于人口规模对农业规模的需求，及北方先进农业技术的顺势传入，在江淮广泽之中，以扬州地区兴建陂塘年代最早，数量也最多。与南京、扬州等大都名邑相比，早先迁入高邮湖区的先民自然相对少些，围湖建塘的紧迫性虽不及扬州诸地，但人口已具备持续增长的基数。到了唐风华韵的年代，高邮湖区人口激增之下，必然要扩大农业规模、提高农业产量。数十里之地的"食腹"皆需填哺，具有利田增产之效的"筑陂建塘"遂成了十足的急迫之措。此时，继"地利"之后，"天时""人和"已然俱全。

2. 修塘之功：一代名相济乡民

湿地改造、修建陂塘，是隋唐时期高邮湖湿地农业的必经之路。但陂塘工程所耗财帛、所征劳力、选址定位、工程规制等，皆牵连甚广，需要一个识情善断的威权人物主持大局，而李吉甫就是最好的人选。

李吉甫（758—814年），字弘宪，赵郡（今河北）赞皇人。他曾两次拜相，尽忠辅佐唐宪宗，开创"元和中兴"。唐元和三年（808年），李吉甫出镇淮南，为官三年期间，他知悉扬州治所所在地已有5座陂塘，灌溉万顷，百姓欢天同庆；而治所以北百里处的高邮湖区，靠湖临山，夏旱秋涝，却无一处陂塘，所以他下令在高邮湖区观测选址，筑堤建塘。

李吉甫在高邮湖区兴建陂塘的事迹，曾被正史多次记载。《新唐书·地理志》曰："广陵郡，高邮。上有陂塘……元和中，节度使李吉甫筑。"《旧唐书·李吉甫传》又曰："又于高邮县筑堤为塘，溉田数千顷。”至于李相建过多少座陂塘，《新唐书·李栖筠传（唐朝中期名臣，李吉甫之父）》记载如下：“子吉甫……居三岁，奏蠲逋租数百万，筑富人、固本二塘，溉田且万顷。”塘名分别为“富人”“固本”，其名寓意美好祥瑞，自可揣度。贮水溉田当为“固本”，农兴民安自能实现“富人”。两塘在当地至今仍能觅得一些遗迹。今湖区西南，有四个同时叫做“墩塘”的自然村，但四村范围内及周边均没有被称作“墩塘”的湖塘，考其名称来源，就是因为四村分别位于富人塘和固本塘的四个边角处。此外，高邮湖东湖范围内的一片水域，被称为“塘下湖”，也是因位于“两塘之下”而得名。

当时湖区除“富人”“固本”二塘外，还同时修建了其他5座陂塘，总计7座陂塘，即“高邮七陂”。高邮七陂，错落有序，相隔守望，均由李相主持修建。隆庆《高邮州志》曰：“堤塘溉田甚多，皆李吉甫所筑。”作为地理学家的李吉甫，其筑塘之所，也必是依形顺势而为，十分讲究。

茅塘 在城（即今高邮老城区，下同）西南10千米处。因茅塘，后有“茅塘港”。明代洪渎肆虐，当地民众遂开挖茅塘港，以分泄洪水。明初宰相汪广洋的坟墓亦置于此地，清代诗人董对廷《秦邮杂事》诗云：

> 右丞吟稿凤池新，当时分封重护军。
> 十里茅塘春水漫，无人知是相公坟。

裴公塘 在城西南30千米处。

盘塘 在城西15千米处。已被高邮湖侵吞，位于湖底。今高邮湖南滨郭集乡有一村名曰“盘塘村”。

柘塘 在城西25千米处。同样已被巨浸没为一体。

麻塘 在城西南35千米处。今高邮湖西南滨的菱塘回乡仍保留有“上麻塘”和“下麻塘”的称谓。

3．修塘之利：一片稻香绕荷塘

不管是“环泽而堤”，还是“依山而堤”，陂塘均有“杀潦”之力、“蓄水”之用、“润田”之效。高邮七陂，多在湖区西滨，皆因西山傍于此地，山水汇聚、顺势而下，截留停潴于陂塘之中，即可实现“受西山暴流，以杀其势”。急水渐缓，对增强土壤渗入、减少土层冲刷等也大有裨益。

“灌溉肥田”是修塘最大的收益。陂塘之水，开窦洒流，潦水化为甘饴，浸彼稻田，自然是“田膏腴、稻花香”。据《新唐书》所载：高邮陂塘能够“溉田且万顷”，即使按《旧唐书》“溉田数千顷”的说法，高邮湖区的陂塘也是福泽广阔，整个江淮地区更是富庶天下，史载：“江淮田一善熟，则旁资数道，故天下大计，仰于东南。”不得不说，湖区能有少则“数千顷”，多则“上万顷”的耕植规模，陂塘居功至伟。如若按照《淮南子·说林训》中的计算：“十顷之陂可以灌四十顷。”那高邮湖区的陂塘规模倒也称得上“亘望无涯”了。

贮水渟涔的陂塘，也能自成一景。塘内萍花盛藻、塘边菰蒲青荇。塘中贮水，一般会散养几尾白鱼，也会栽种几片荷花，水清质醇，可见池底鱼群游动于荷茎之间，风吹池皱，满塘荷叶随之舞动。再添几只雀羽麻鸭，或睡于蒲边，或游于荷旁。陂塘之间，沟浍脉连，堤塍相连，点缀袅袅炊烟。塘、荷、鱼、鸭、田，有机搭配，当真是一幅和谐而充满野趣的湿地图景，一派“鱼米之乡”的韵味扑面而至。所以秦观有词曰：

树绕村庄，水满陂塘。倚东风、豪兴徜徉。小园几许，收尽春光。有桃花红，李花白，菜花黄。

远远围墙，隐隐茅堂。飏青旗、流水桥旁。偶然乘兴、步过东冈。正莺儿啼，燕儿舞，蝶儿忙。

湿地滩涂 千顷良田（高邮市政府／提供）

（三）宋元乡贤的湿地情缘

唐宋之际，高邮湖区虽已有“鱼米水乡”之相，但多处仍是“沮洳湖沼”之貌。沿至宋代，湿地西陲“七十二涧”的川水东注汇聚，新湖不断积庳而生，旧湖则逐步水涨延漫，水域扩大。春秋时期，文献记载高邮湖区仅有“樊梁湖”“津湖”二湖；而北宋时期，整个湖区已是“环以万顷湖，粘天四无壁”。诸湖所潴，大多首尾相连、水系相通，秦观诗云：“高邮西北多巨湖，累累相连如贯珠。”河湖渺漫、草长莺飞，为湿地农业的进一步发展提供了得天独厚的环境，在一方白水黑土中，宋代高邮鸭、双黄鸭蛋、高邮湖大闸蟹、莼菜、芡实等湿地农产接连孕育而出。物华天宝之地，自然是人杰地灵，孙觉、秦观等一批宋元乡贤，生在湿地，长在高邮，尽管后来离乡考学入仕，但仍心怀桑梓，各自抒写着一幕幕湿地情缘。

1．孙觉夜遇甓社珠光

北宋时期，高邮湖区湖群密布、巨湖累累，不过诸湖之中，以五大湖为最。蒋之奇《题东园诗》曰："三十六湖水所潴，其间尤大为五湖。"而五面水域浩渺的湖泊之中，又以位于城西15千米的甓社湖声名最著，"星味"最浓。甓社湖寰数十里，东西长35千米，南北宽25千米，既有旖旎青波、如镜湖光，又有鱼跃鸥飞、物产丰硕，但真正令其名声大噪的却是湖中神奇的"珠光"。

宋代高邮湖群中的"五大湖"

宋代的高邮湖区史称"五湖"。"五湖"之说，大约始于北宋仁宗年间，至南宋时一直沿用。杨万里诗曰："怪来万顷不生浪，冻合五湖都是冰。"五湖之中，除甓社湖外，另四湖分别为新开湖、珠湖、平阿湖、张良湖。

新开湖　新开湖是隋唐之际受西山来水汇聚而成的新湖，在宋代逐渐吞并"樊梁湖"，成为湖区最大的一面湖泊，相关诗词也最多。最著名的是杨万里的《过新开湖五首》："远远人烟点树梢，船门一望一魂消。几行野鸭数声雁，来为湖天破寂寥。"

珠湖　据明隆庆《高邮州志》云："珠湖，在州治西七十里，通五湖。"其名本是"甓社湖"的别称，之后才冠名此湖。宋崔公度有《珠湖赋》赞之。

平阿湖　又称"平湖"，据明隆庆《高邮州志》云："平阿湖，在州西八十里，通天长县铜城河。"元诗人萨都剌（la）《过高邮、射阳湖杂咏九首》诗云："平湖三十里，过客感秋多。"

张良湖　位于新开湖与甓社湖之间，据明隆庆《高邮州志》云："张良湖，在州北二十里，通七里湖。"

“甓社珠光”之说最早载于北宋科学家沈括（字存中）（1031—1095年）的《梦溪笔谈》。按沈括所述，在北宋嘉祐年间（1056—1063年），扬州地区有一大珠，形如牛车盘大，朗若日月，多在晦暗天时现世。十余年间，民众常能一睹，其中一位便是沈括的好友。

这位好友名唤“孙觉”。孙觉（1028—1090年），字莘老，江苏高邮人，北宋文学家、政治家，官至龙图阁大学士，为苏（东坡）王（安石）之友，秦观之师，涪翁（黄庭坚）之丈。早在及冠之年，孙觉就结庐甓社湖边，皇祐元年（1049年）的某日阴夜，孙觉正在苦读之时，窗外忽然明如白昼。他沿湖寻觅，见到甓社湖中有一大珠，珠大如拳。该大珠初时微张其房，吻中如横一道金线，忽然张壳如半席，壳中顿时白光如银，璀璨不可正视，竟然连十余里内的林木身影都能隐约目及。此珠光不似月白，倒像初日所照，莹莹有芒焰。之后，大珠倏然远去，浮荡甓社清波之间，身燃野火、杳杳如日。当年秋闱，孙觉便荣登科榜，被擢拔进入仕途。

北宋年间的“热搜”事件

在信息高度畅达的当今，能否登上微博“热搜”榜常被视作“是否为社会热点”的重要评价标准之一，而“孙觉夜遇甓社珠光”则可以说是北宋嘉祐年间（1056—1063年）的“热搜”事件了，诗赋相传甚多，而且除《梦溪笔谈》、地方志以外，不少文人笔记著作也有记载。

北宋邵伯温《邵氏闻见录》卷十六 孙觉龙图未第时，家高邮，与士大夫讲学于郊外别墅。一夕晦夜，忽月光入窗隙，孙异之，与同舍望光所在。行二十里馀，见大珠浮游湖面上，其光烛天，旁照远近。有崔伯易者作《感珠赋》记之。熙宁（二字有误，应为皇祐）初，孙登科为河南县主簿。

北宋庞元英《文昌杂录》卷四 礼部李侍郎云，秘书少监孙莘老庄居在高邮新开湖边。尝一夕阴晦，庄客报湖中珠见，与数同人行小草径中，至水际，见微有光彩，俄而光明如月，阴雾中人面相睹，忽见蚌蛤如芦席大，一壳浮水上，一壳如张帆状，其疾如风，舟子飞小艇逐之，终不可及。既远乃没。

南宋祝穆《方舆胜览》卷四十六 甓社湖，湖有明珠。……孙莘老于甓社湖上读书，夜见明珠而登第，黄鲁直遗诗云："甓社湖中有明月，淮南草木借光辉。"

明代徐应秋《玉芝堂谈荟》卷三十五 引庞元英《文昌杂录》卷四。

清代黄之隽《江南通志》卷十四 宋孙觉家于湖，阴夜读书，觉窗明如昼，循湖求之，见大珠，其光烛天。是年莘老登第。后此屡见，州人连掇大魁。

清代许奉恩《里乘》 引黄之隽《江南通志》，内容同上。

孙觉夜遇珠光，后祥瑞临身，如此名士奇闻，自然不胫而走，在仕林中广为流传，宋代士人同僚皆称之以奇。张表臣《呈以道舍人》诗赞："他年但饱扬州米，今日宁论甓社珠。"某次，北宋文学家晁说之（1059—1129年）因客人谈及"扬州大珠"，有感而作《因客谈湖中大珠作》一首。至于民间，更是口口相传，将此事奉为佐餐谈资。对于珠光之源，时有猜测。据崔伯旸（字公度）《明珠赋》载：有人认为是盘飧之微、蛤蚌含宝，另有人则认为是川泽之精、胎养宝珠。

一时间，游人不远千里，纷纷涌至甓社湖，系舟数夜，就为一睹珠光奇景，湖边好一派熙熙攘攘之相。为附游人雅致，孙觉还特意回乡修建了一座"玩珠亭"，专供饱览湖光、守盼珠光之用。江西人士程节知晓，专程从景德镇赶来寻珠，竟真能目睹珠光祥瑞。他心情大好、诗兴大发，作《玩珠亭》一首：

外挹湖天位置雄，下疏地脉与湖通。

骊龙睡觉寒光吐，尽献祥光入此中。

北宋元祐三年（1088年）秋，程节果然登第。他故地重游，并新建一“还珠亭”以示还愿，且与“玩珠亭”暗合。返京前，程节再作《还珠亭》一首：

六六湖宽老蚌乡，去来隐现本无常。

几回隐去重来现，知是邦君有孟尝。

颇为巧合的是，同年亦是孙觉六十高寿。他将寿席即置于玩珠亭中，几名亲友，自然是煮酒、品食、论诗。席间，知州杨蟠（1017—1106年）聊作《玩珠亭》一首：

客醉金台月未生，大风四面响吟吟。

骊龙一觉惊寥穴，老蚌厂年拆晦暝。

人胜文章如有待，岁饶丰乐不无灵。

崔仙当日曾为赋，灿烂应同照此亭。

有意思的是，杨蟠认为湖中卧藏“骊龙”，此见解与程节颇为一致，不知两者有无鉴阅。不过席间另有一人才情更著，那便是孙莘老的女婿黄庭坚。黄特意从汴京赶至拜寿，所作贺诗自然匠心不凡，《呈外舅孙莘老》诗之二曰：

甓社湖中有明月，淮南草木借光辉。

故应剖蚌登王府，不若行沙弄夕霏。

明珠隐现已属罕见，祥瑞昭示更令人神往。前有珠玉，后人自然效仿，趋之若骛。据记载，孙觉之后，甓社珠光有段时间内依旧屡现，不少高邮书生当真连掇大魁，所以当地渐渐出现了“珠见则有休咎之应”的说法。

不过宋朝之后，甓社湖上就罕有珠光现世，但“孙觉夜遇甓社珠光”的美谈却代代相传。元、明、清三代皆有诗词吟颂，例如，元代张翥《高沙失守哭知府李齐公平》诗曰：“广陵琼树春仍在，甓社珠光夜不明。”明代李景福《夕发》诗曰：“纷纷湖上客，几见甓珠圆。”甚至连清朝乾隆皇帝都知晓“甓社珠光”的传闻。1985年12月，“纪念沈括逝世890周年学术讨论会”召开，时任中国科学院自然科学史研究所所长席泽宗在首席发言中就提及：“人们注意到《梦溪笔谈》第369条，认为可能是古代已有UFO飞降地面的证据。”

甓社蚌精遁东海

“甓社珠光”忽然不复再现，时人多有揣测，其中一则传说在民间流传很广。其故事大意如下。

甓社湖本常年吐光，但有一日，湖边来了一个番僧，僦居观察有一年之多。一日，番僧折柬邀请邻众，摆设宴席款待各位。众人不解，番僧说：“请求诸君明日助老僧一臂之力。”次日，番僧拿出鼓锣数百具分给众人，令他们分别站在湖的四周，请他们锤鼓敲锣，不要停止，然后自己仗剑跃入湖中。只见狂风暴作，湖水奔腾澎湃，势如千军万马，乡众心惊魄骇，但都遵循番僧所嘱，奋勇挝鼓。一直到了正午，番僧才从湖中踏浪而出，满袈裟血渍淋漓。众人更加不解，番僧便解释道：“湖中有个千年老蚌精，自开辟以来就胎养宝珠，光夺日月。老僧想要擒杀他，奈何蚌精道行太高，只伤了它的右壳，现已遁往东海。”说完，番僧便稽首离去。从此，甓社湖再无珠光。

2．秦观的独特“礼单”

北宋皇祐元年（1049年），孙觉登科；恰在同年，高邮武宁乡（今高邮市三垛镇）的一个村里，秦观出生，这虽是历史的巧合，某种程度上也称得上高邮湿地文化的传承。秦观（1049—1100年），被誉为婉约派“词宗”，高邮人，字少游，一字太虚，别号邗沟居士，学者称其淮海居士，官至太学博士、国史馆编修。秦观入仕后，自然拜同乡孙觉门下。与孙师相比，秦观虽没有“夜遇甓社珠光”的奇遇，但也开创了以高邮湿地农产礼赠师友的先河。

北宋熙宁十年（1078年），秦观与苏轼初识，后相交相知、亦师亦友，秦观也被冠以“苏门四学士”“苏门六君子”之一等称号。元丰元年（1079年），秦观应苏轼之邀作《黄楼赋》，时苏轼已移知徐州，秦观便托专人将此赋呈送苏轼，同时还捎备了一份礼物赠与师友，并附诗《寄莼姜法鱼糟蟹·寄子瞻》一首：

鲜鲫经年渍醽醁，团脐紫蟹脂填腹。
后春莼茁滑于酥，先社姜芽肥胜肉。
凫卵累累何足道，饤饾盘餐亦时欲。
淮南风俗事瓶罂，方法相传为旨蓄。
鱼鱐蜃醢荐笾豆，山蔌溪毛例蒙录。
辄送行庖当击鲜，泽居备礼无麋鹿。

此诗七言六行，似信手拈来，与其说是一首述情载物的附诗，倒不如说是一帖明文胪列的“礼单”。从中可见秦观敬赠的礼物有“鲜鲫”，即鲜美的鲫鱼；“团脐紫蟹”，即紫壳的雌蟹；“姜芽”，即山姜的幼芽；“春莼”，即春日的莼菜；“凫卵”，即腌制后的咸鸭蛋；“鱼鱐”，即风干的鱼；“蜃醢”，即蛤肉酱；“山蔌”，即山蔬；“溪毛”，即水生蔬菜；“行庖”，即流动的烹饪设备。粗粗观之，恰好十种。除了“姜芽”“山蕨”“行庖”外，均是适水而生的高邮湖湿地农产。

文人所赠之礼，多为文房墨宝、金石玉器，贵重而不失风雅，秦观却以家乡高邮的湿地农产作为赠礼，看似随性而为，实则不然。秦观奉东坡为师，曾说：“我独不愿万户侯，惟愿一识苏徐州。”苏轼以知己待之，曾在秦观辞世时悲痛呼道：“少游已矣，虽万人何赎。”在这种深交之下，秦观在选择赠礼的问题上，必定做过一番考量。

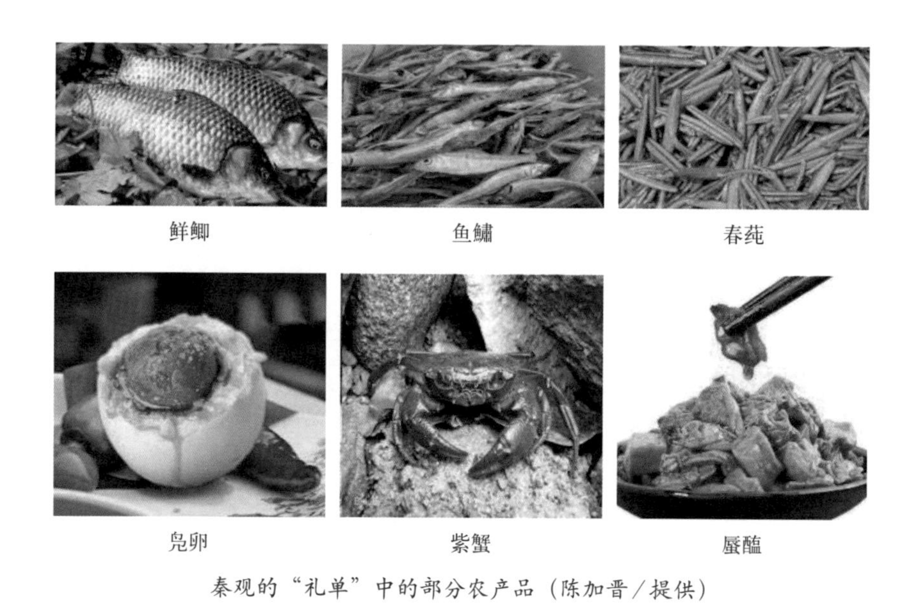

秦观的“礼单”中的部分农产品（陈加晋／提供）

苏轼乃远近闻名的饕餮食客，以美食赠之，自然投其所好。而选以家乡的美食，则又多了一层内涵。从“礼单”目录来看，更能探见秦观的一番精心巧意。十种风俗特产，不仅种类丰富，而且搭配合理，花样繁多。虽以水产为主，但地菜、山货兼而有之；既有腥香湖鲜，又有风味腌制品。湖鲜之中，荤素搭配，备以“行庖”随时“击鲜”；腌物之中，又有腌渍、风干、酱制之分，并以精美的“瓶罂”“笾豆”（容器，笾为竹制，豆为木制）分装。

苏东坡深谙美食之道，一般俗食必不入其法眼，而秦观以高邮湖

湿地的风物土产赠与，必然是经过精心挑选，但更深层的原因恐怕是源于他对高邮湖湿地农产的信心。高邮湖湿地水濯质清、泥腴质肥，所产之物便能制成美食，甚至称为珍馐亦不为过，秦观作为高邮乡贤，自然对家乡美味认识深刻。且看他所选的咸鸭蛋，质沙细腻、红油浮脂，乃“中国三大名鸭”之一的高邮麻鸭所产，一蛋双黄，堪称一绝；他所选的紫壳雌蟹，肥大脂厚、膏红黄多，乃蟹中精品。由此看来，秦观的这份独特的“礼单”颇为精美可口。

对于这份礼物，苏轼自然十分受用，一番大快朵颐之后，仍唇齿留香，回味无穷。北宋元祐七年（1092年）二月，苏轼任扬州知州半年。他在当地力矫时弊、解民倒悬的同时，仍不忘十五年前秦观赠与自己的风俗美食，所以在任职期间，苏轼重温了一遍鲜鲫、紫蟹、鸟子（咸鸭蛋）等高邮湖湿地的美味，并按照当年秦氏“礼单”准备了同样的礼物，复又赠与秦观，还同样附《扬州以土物寄少游此诗为秦观作》诗一首：

鲜鲫经年秘醽醁，团脐紫蟹脂填腹。
后春莼茁活如酥，先社姜芽肥胜肉。
凫子累累何足道，点缀盘餐亦时欲。
淮南风俗事瓶罂，方法相传竟留蓄。
且同千里寄鹅毛，何用孜孜饮麋鹿。

历经十五年，而不忘赠食之情，苏、秦之谊，当可歌可颂。而幕后的功臣，高邮湖泊湿地农业，更当可抒可赞。

3．苏轼的高邮湖湿地情结

作为孙觉同道、秦观师友，苏轼与高邮及高邮湖渊源颇深。据考，苏轼坐船途经高邮湖超过十次，访友观光而莅临下榻高邮，则至少五次；五次来高邮，又有四次去了高邮湖。文友相聚，游湖论诗、品酒赏食，其中风雅，不言而喻。时五湖甓社珠光、鸥飞雁鸣，凫卵紫蟹、珍馐美馔，在苏轼一番垂青品鉴之下，韵味光彩更甚。

第一次：北宋熙宁七年（1074年） 时苏轼、孙觉因性情相近、遭遇相似，已互相引为仕林密友。苏轼此次专程前来，既为访友游览，更为吊唁邵迎（？—1073）。邵迎，字茂诚，高邮人，其文清和妙丽，苏轼与之多有故交。邵迎之逝，苏轼深感惋悒，不过初来高邮，有好友孙觉相陪，沿湖游览、互诉愁怀，心情不免好转。他远眺环以万顷、天水一色的高邮湖，再看身边玉树美髯的孙觉，不禁赋诗："野凫翅重自不飞，黄鹤何事两垂翼。"

第二次：北宋元丰二年（1079年） 时苏轼移知湖州，南行途中逗留高邮，与秦观、释道潜等人相聚。此时甓社珠湖依旧在，而身边之人却已变换，心态更是不同。三人泛舟游湖，直至傍晚，苏轼作诗道："舟师不会留连意，拟看斜阳万顷红。"与五年前以"野凫"自喻，而以"黄鹤"赞誉旁人的自己相比，此时的他，更有一份从容和淡然。

第三次：北宋元丰七年（1084年） 苏轼此次前来，纯为访友聚会，乃是一次真正的轻松惬意之旅。时苏轼、孙觉、秦观、王巩四贤齐聚高邮湖边，遍览湖光、品尽美食，莼菜醉蟹，食前方丈，自然是一番大快朵颐。后南宋曾几诗赞："忆昔坡仙此地游，一时人物尽风流。香莼紫蟹供杯酌，彩笔银钩入唱酬。"苏轼不为朝廷纷争所动，此次他自喻"野雁"，赋诗一首：

众禽事纷争，野雁独闲洁。
徐行意自得，俯仰若有节。
我衰寄江湖，老伴杂鹅鸭。
作书问陈子，晓景画苕霅。
依依聚圆沙，稍稍动斜月。

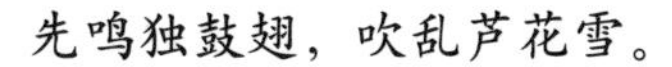

先鸣独鼓翅，吹乱芦花雪。

第四次：北宋绍圣元年（1094年）　苏轼再次调任，途经高邮，偶遇贬归的孙升。五月淮水，春风拂面、水清草茂，但此时苏轼临近晚年，加之妻友皆故，心性已近返璞归真，但心中难免留有一丝归梦难圆的怨恨和宦海解脱的期望。《过高邮寄孙君孚》中有言：

过淮风气清，一洗尘埃容。
水木渐幽茂，菰蒲杂游龙。
…… ……
故园在何处，已偃手种松。
我行忽失路，归梦山千重。
…… ……
宦游岂不好，毋令到千钟。

舌尖上的“东坡”：苏轼的“吃货”人生

苏轼，常被冠以“文学家”“诗人”“书法家”“画家”等称号，少有人知的是，苏轼还是一个美食家，更少有人知的是，他在美食界的地位，丝毫不亚于他在文学界的地位。

据统计，苏轼诗词存世有3 000多首，提到吃的就有1 000多首，甚至专门写吃的有400多首，较著名的有《老饕赋》《猪肉颂》《食荔枝二首》《菜羹赋》《白云茶》。为能满足自己口欲，他亲自研制了东坡肉、东坡肘子、东坡豆腐、羊蝎子等诸多名菜，甚至因食肉太多得了痔疮，并在治病过程中发明了“东坡饼”。苏轼的口腹覆盖面极广，他的食谱中，除猪肉、荔枝、河豚、螃蟹等这些我们熟知的食物外，有些小众食材到今天都少有人知或很难吃到。

江珧柱　为江珧科动物栉江珧的后闭壳肌，俗称“干贝”。苏轼认为能与江珧柱媲美的也就只有荔枝和河豚。有一次，苏轼与黄庭坚争名，苏轼评价黄庭坚的诗文犹如江珧柱，格韵高绝，令人忍不住食之殆尽，但是不能多吃。此事载于宋胡仔《苕溪渔隐丛话》中。

肉芝　苏轼在京时，有人挖出过一种植物，嫩白如婴儿胳膊，指掌具备。众人不敢贸然处理，苏轼就带回家炖了，与其弟苏辙享用。他在《石芝诗(并引)》详细地记录了这一事件。

蝙蝠、蜜唧、虾蟆　蜜唧即刚出生的小老鼠，虾蟆即青蛙。苏轼在甲子年岁时，被贬海南。由于当地山穷水恶，苏轼便开发出了蝙蝠、蜜唧、虾蟆等食物，并记于《闻子由瘦》一诗之中。

这一切的背后，是苏轼至诚乐观的生活态度和积极旷达的人生观念，正如林语堂《东坡传》说：苏东坡是个无可救药的乐天派。

（四）明清水患与湿地农业的成熟

南宋建炎二年（1128年）始，黄河夺淮南侵，历时661年。夺淮初始，黄渎尚无大害。明代中后期，南泛水势愈盛，高邮湖区连并进程加快，终成一湖。每至秋水暴涨，高邮湖泄洪不及，只有延漫决堤为灾。禾苗尽湮没、田庐半倾毁，鸟兽四散、人畜漂溺，但当地民众并未放弃，而是积极抗洪保农，大力发展水产业，创造性地将种稻、养鸭、养鱼、养蟹有机结合，以稻、鸭、鱼、蟹为核心的立体式生态农业应运而生。

1. 黄渎入湖，洪灾肆虐

明代初期，黄河由泗水、汴水、濉水、涡河、颍河5条泛道南侵，所挟泥沙多停潴沉淀于黄泛区，流至淮河主流时大部已濯为清流，所以淮河沿堤可随时修筑，黄渎尚可掣肘，并无巨害。直到明正统二年（1437年），泗水、五月河、淮河泛涨漫流，水灾第一次遍及整个淮河中下游地区。史载：“凤阳、淮安、扬州诸府，徐、和、滁诸州，河南开封，漂居民禾稼。”

自“淮患始见”后，高邮湖湿地区除截载西山来水、淮水以外，开始肩负起蓄纳黄渎、削减洪峰的重任。1496年，黄河经洪泽、宝应二湖，倾泄注入高邮湖区，由于黄河夺淮，挟泥俱下，淮水流通不畅，只得南下聚于高邮湖湿地区，自此，湖区诸小湖扩大、连片进程进一步加快。宋元时期，高邮湖区就已有累累如巨珠的“五湖”，到明代前中期更延漫为方圆数十里的“五荡十二湖”。“十二湖”如珠如玉、环以万顷，“五荡”内芦草丛生、膏腴沃衍，依旧一方沃土。

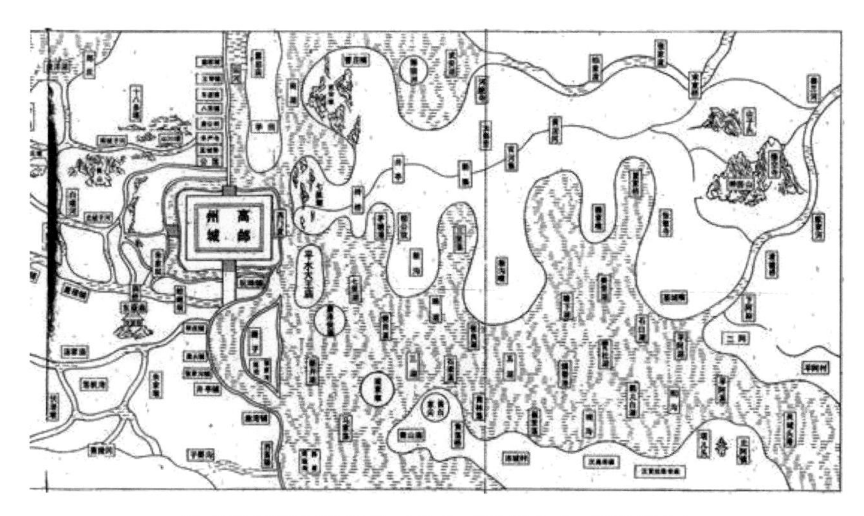

明代高邮湖湿地概貌（采自《高邮县志（1990）》）

不过到明隆庆年间（1567—1572年），黄河南泛水势愈盛，高邮湖区终连并为一个大湖，新开、甓社等诸小湖均不复存在，俱融为一体，并以“高邮湖”之名统称。隆庆《高邮州志》有载：“黄河之道频年淤塞，而淮水不得入海，千流万派毕会于邮，而高邮遂成巨浸矣。”后南河工部顾云凤也曾在《开施家沟、周家桥议略》中回忆道：“昔白马、汜光、甓社、邵伯诸湖，始何尝不分，而今安辨其为某某湖也。”

高邮潴壅成湖后，湖面虽浩渺无涯，但蓄水容量已至极限，遇到淮涨行洪，便只有延漫决湖、湮田为灾。从明万历一朝开始，高邮湖湿地区饱受洪患之苦。明神宗即位前五年，淮河几乎每年一灾。万历二十一年（1593年）的特大洪水，致使高邮湖区一片汪洋，尸骸枕藉。次年，淮河再生狂涛，湖区又成泽国，田庐尽数漂没，百姓悉为鱼鳖，南河郎中黄日谨在《辨开周家桥疏》中有云：“若引淮入湖，则淮水之浩荡无涯，湖面之容受有限，势不至决裂湖堤而奔溃四出不止也。”明代晚期天启、崇祯二朝，黄淮洪患更是史不绝书，以至“死者无算，盗贼千百啸聚”的地步。

明清黄河夺淮为灾，既是天灾，更是人祸

黄河流长超万里，裹挟泥沙超万亿吨，脾气暴虐，数度流窜改道，夺淮为灾历时两朝。其势浩荡猛烈，看似人力不可当，但实际上，天灾的背后往往是人祸。

战争 黄河夺淮之始便是战争所致。南宋建炎二年（1128年），宋、金对峙，宋守将杜充决口黄河以阻金兵，而金人不仅并未治河，而且利用新决河来扩展领土，任由黄河主流河道南徙。

保漕　黄淮合一后，黄、淮、漕逐渐一体，而漕运乃国家大计。明清两朝皆以保漕为先，常实行违背自然规律的治河措施，所以也就有开闸放水、毁坏田庐的事情发生。

护陵　明朝祖陵位于泗州，常处于水害威胁下。为了保护祖陵，就要确保黄河南流不能过远，而保漕要求黄河济运通漕。一南一北的两大限制，治淮回旋余地狭小，成效大打折扣。

民间　毁林开荒、围田垦湖等短视行为，强占河滩地等豪强行为，都会加剧黄河的为灾情况，甚至还有民众盗决堤防，以邻为壑，牺牲其他地区的利益。

据史可载，明代，淮河流域灾年至少有79次。而在清代国祚的前二百年里，黄河泛滥依旧频繁，平均每六个半月就有一次决溢。顺治临朝十八载，淮灾就有18起，其中顺治十六年（1659年）的黄河决口，致淮水下灌高（邮）宝（应）诸湖，“水深六七尺，浸及城郭月余”。“康乾盛世”共历134年，而淮灾平均三年一发，其中雍正八年（1730年）的雨涝山洪交织肆虐，高邮湖区不仅田禾荡没，人畜漂溺无算，甚至连城镇里都是舟行数月，不望崖岸，满目疮痍。

高邮湖的滚滚大水（高邮市政府／提供）

洪灾侵袭，农业设施和生产自然尽遭毁灭性打击；行洪灾后，泥沙沉积，其中所含的可溶性盐类又致使当地的膏腴肥田盐碱化，而盐碱土难保水分，不利作物生长，所以又进一步造成“有雨则涝，无雨则旱”的困境。高邮湖区本是“走千走万，不如淮河两岸”的“鱼米之乡”，唐代时就已成为天下仰仗的东南粮仓，明清时期复又沦为“秧畦秧老不得栽”的“灌苇漪泽之乡”，前后境遇犹如坠天之别，不免令人唏嘘。

2. 趋利避害，抗洪保农

黄渎入湖为灾，肆虐数百年，戕害数代人。在一片触目残破的景象之中，有田庐尽毁、人畜淹没；有老少流离迁徙、盗贼千百啸聚，但更多的则是与水斗争、抗洪保农的事迹。

淮河扼南北往来之要冲，而明清赋税财物皆仰于江南，淮河的漕运航道乃是“国脉”，因此明清两代均很重视黄淮问题，清康熙皇帝就将“三藩、河务、漕运”列为施政的头等要事，并书于殿柱之上，以时刻提醒自己。但导黄治淮工程本就十分错综复杂，其中又有政治、漕运、地方等诸多利益交织杂糅，以高邮湖湿地为代表的里下河地区，洪患反复侵袭作虐，却一直未曾根治，甚至为保“漕运”，当地政府官员还有意“坏人田庐”。清雍正八年（1730年）秋，淮、河交溢，还伴随海潮汹涌，清政府遂启放高邮运河南关、车逻二坝泄水，里下河地区沦为泄洪走廊，万壑大水奔流荡荡，民众苦不堪言，自此成为定例。

洪水无情，官衙无力，当地民众便唯有自救，他们将避水与排水视作农业生产的前提，筑土围堤、兴建“圩田”，并在此基础上，配合以适宜的工具来排水疏水。

圩田避水　圩田又称“围田”，顾名思义，即在低洼之地围堤筑坝，围田于内、阻水于外。中国圩田技术首创于春秋战国时期的江南，太湖湿地区的“塘浦圩田”系统即是最杰出的代表。江淮地区修筑圩田，滥觞于三国时期，发源于中西部的滨江地区，后由西向东、由滨江向滨湖地带发展。

至于地处江淮东部腹心的高邮湖泊湿地何时筑圩，尚无确切记载，但以黄河夺淮为灾进程为据的话，当在明朝中后期。到清乾隆八年（1743年）时，当地不仅“向有民筑圩围”，而且不少业已“日久坍废”。为有效筑圩，乾隆皇帝临朝时曾有意劝导，民众奉行、圩田攉起。

清嘉庆、道光时期，高邮湖区大兴圩田。嘉庆十年（1805年）筑护城堤，东北圩田联属，容田超三千亩①。嘉庆十九年（1814年）挑浚下河，两岸出地数尺，岸下围田千亩。此时，圩田已基本取代传统水田，群圩纵横、密如繁星，稻植圩上、浮如江波，诗人赞曰：“最是西畴好时节，稻香风景似湘沅。”

脚车疏水　以圩为界，内田外水两隔。灾水不能漫侵，良水也无法灌田，内水倘若积多，更难排出堤外。坝上虽有水闸，但数量有限，实难覆盖全面，所以常常需要疏水器具配合辅助。

由于湖区临近大海，风力资源较丰富，所以过去民众常以风车灌田排涝，明代宋应星《天工开物》有载：“俟风转车，风息则止。此车为救潦，欲去泽水以便栽种。”但随着黄淮洪灾肆虐日渐猖獗，圩岸亦随之不断加高。如此一来，风车处于高岗之间，自然动力不足，风车难有功效，因此当地民众发明了“脚车”以代之。脚车全靠人力踩踏，转鹤汲水，即可排出圩外，亦可引水入圩。不过脚车驱动，比较耗费人力，或四人、或六人为一架，民众十分辛苦。

①亩为非法定计量单位，1亩≈677米^2。

围田、沙田、湖田

作为不同于陂塘的另一种湿地改造之法，圩田专攻浅洼地，以避水为先。土有百形、水也有千态，依据不同水土面貌，圩田也有几种类型，最主流的分别是“围田”“沙田”“湖田”。巧合的是，此三种类型的圩田，在高邮湖泊湿地区均有分布。

围田 《王祯农书》有载：“围田，筑土作围以绕田也。”围田是圩田最为普遍的类型，所以两者常互相代指，高邮湖区也是以围田居多，清嘉道时期兴起的圩田，基本都是以堤围田的形式。

沙田 即沙地圩田，区别于传统的沙田。由于黄河有“高沙”的特点，所挟泥沙多沉积在湖区，所以当地筑埂以御外潮。沙田变化较为复杂，“可耕，不可恃”。

湖田 即在湖滩开沟围垦，筑堤兴闸。高邮湖区湖田规模较小，但胜在“蓄水排涝两利，无水旱之忧，田收常足”。

3．天人合一，鱼鸭稻香

在与水相斗、避水而作的长期实践之中，高邮湖泊湿地的乡民逐渐认识到：水可夺田，亦可润田，关键就在于如何因地制宜，变害为利。为此，明清时期的乡民在进一步扩展适水农作的基础上，通过对有限空间里资源的合理配置，及食物链原理的巧妙利用，创造性地将稻作、养鸭、养鱼、养蟹等经营有机结合，终打造出了一套高效循环的立体式、生态式的农作方式。自此，高邮湖泊湿地农业臻至成熟。

变更稻作　稻田养鸭　自5 000年前的“刀耕水耨”时代起，

“稻”便是高邮湖湿地区最重要的主粮。稻喜水好湿，自然逐水而植、随水而兴。在明清以前，高邮湖区水源充沛、水质醇良，加之陂塘设施等因地制宜之法，当地稻产丰腴、稻作发达。唐代时期，湖区普及“双季稻”，一年两熟。宋承唐制，以占城稻搭配晚熟稻，或麦类作物，推行稻麦复种。

明清水患的频繁肆虐无疑破坏了这本已成熟的耕作制度。时洪渎甫一爆发，便是良田尽没、禾苗倾毁，减收即已万幸，两熟更成奢谈。时有诗传：“农夫腰镰行刈稻，晨起极目心茫然。”洪水泛涨多在秋季，为避秋潦，当地民众不得已改选早熟、耐旱的早稻品种种植，以图在伏秋水发之时能够提前成熟刈割。据嘉庆《高邮州志》记载的早稻品种有9个：“四十日”“五十日”“六十日”“拖犁归”“晏五日”“望江南”“秋前五”“江西早”“赶上城”。

与“稻麦双收”相比，推行一年一熟的早稻仅算“止损”之举，真正肥田增产之法则是“稻田养鸭”的创造和推广。高邮湖湿地养鸭的历史可追溯至春秋时期，北宋即已声名远播，不过稻田养鸭的出现可能滥觞于南宋时期。南宋杨万里《插秧歌》曰：“秧根未牢莳未匝，照管鹅儿与雏鸭。”簇于水田、觅于稻间，实乃鸭子的天性。稻区良田、长期放牧、塘库湖泊……这些稻田养鸭的有利因素当时均已具备。

若说南宋时期湿地区域内的稻田养鸭技术还不够完备的话，那么明清时期就已经是必然的、明确而成熟的了。在当地人单产增收的要求下，稻田养鸭可以说是当时生产条件下的必然且唯一的选择。群鸭放田，善食草觅虫；凫粪散落，自是优质肥料。麻鸭们穿梭浮潜于稻浪之间，浑水循环增氧，有营养流转、杂草不发之效果。而漫漫稻田，绿波春水；长草汀兰，饵多料足，对于那些麻羽雀姿的精灵们来说，这既是惬意的休息区，又是欢腾的游乐场。一方稻田，一群家鸭，稻鸭共作，相得益彰。

稻田养鸭（陈加晋/摄）

相容相生　鱼鸭蟹混养　对于与水相宜的水产与水禽业来说，明清时期高邮湖湿地区水域面积增大，反倒是进一步扩张的良机。鱼蟹以水为源，鸭子逐水而生，所以时高邮湖区，几乎是家家捕鱼、户户养鸭。清傅若金（1303—1342年）有赞：

缥缈平湖白，微茫远树青。
田分高下水，道俯短长亭。
鹅鸭烟中乱，鱼虾雨里腥。
秦邮看渐近，城郭记曾经。

鱼为湖鲜，鸭为陆禽。在当地乡民的智慧运用下，乡民们充分发挥鸭子可水可旱的特性，将养鱼与养鸭有机结合，又创造出了高效互补的“鱼鸭生态混养”模式。碧波高邮湖，湖面浮鸭，水下鱼游，只需几番浮沉，病鱼、幼虫便入鸭腹，而小部分鸭粪腐屑被鱼所食，大部分鸭粪被游离分解促进浮游生物生长。清代诗人对此有赞：“藻动参差浮鸭子，萍开唼呷荡鱼儿。”延至多灾的民国时代，水产业繁盛更甚以往，乡民以水田稻鸭为样，水面鱼鸭混养为鉴，在大湖深潴之下实行“鱼蟹生态混养”。鱼与蟹天性互补，共生互利。由此，水田里，家鸭穿梭、稻浪翻滚；湖水中，群鸭浮沉、鱼蟹共生，好一派天人合一的和谐图景。

高邮湖上牧鸭图（高邮市政府/提供）

高邮湖上捕鱼图（高邮市政府/提供）

二

生态之基：国家级湿地『高邮湖』

泱泱珠湖，历7 000载而终成大湖；迢迢碧波，占数万顷而不见涯际。在高邮湖湿地，大湖居中，达648千米^2；滩涂绕外，占112.67千米^2（水位5.55米时）。高邮湖湿地乃中国第六大淡水湖、国家级湿地，对于当地，乃至整个江苏省的生态环境都具有重大的影响力。水土相间的地面，高邮湖湿地调节径流、蓄纳洪流；水汽交换的天空，高邮湖湿地控温增湿、净化空气。在当地乡民眼中，它是供水供能的母亲湖；对于动物植物来说，它是适宜繁衍的理想天堂；对于来往的鸟类说，它则是绝佳的栖居驿站。

（一）大自然“调节器”

贵为一方巨浸，自能掌控一方天地。高邮湖湿地，既能蓄水供水、涵养水源，又能调洪排涝、控温增湿。四方巨流汇于此，洪水化为缓流，污水涤为清波，废水解为净水，四季温润、气候宜人。高邮湖湿地就像一个功能强劲、永不停息、又没有误差的自然调节器，将一方天地打理得如此和谐。

1．蓄水百万亩，供水千万家

从鸿蒙初开的新石器时代，到日新月异的新时代，高邮湖贮四季雨水，汇西山“七十二涧”川流，前引北进入淮的江水，后纳南下入江的黄渎与淮水。经年累月、寒来暑往，湖区曾经星罗密布的各大小湖泊，终潴壅蜕变成了泱泱巨浸。

新中国成立以后，高邮湖虽已无黄淮灌注之患，但入湖水系依旧繁多，水源四时不竭，除了西山丘壑的潺潺溪水、北部淮河的滔滔奔流之外，利农河、铜龙河（安徽）、白塔河（安徽）、秦栏河（苏皖界河）、状元沟等大小河湖，悉数东注高邮大湖。目前，高邮湖蓄水面积达649千米^2，死水位达5.00米，相应容积5.3亿米^3；正常蓄水位5.5～5.7米，相应容积9.3亿米^3。据专家评估，高邮湖的蓄水功能价值超4亿元。

虽说高邮湖面浩渺无涯，但却是湖广底浅，平均水深1.44米，最大水深也仅有2.40米，属于典型的浅水湖，之所以能够蓄纳万吨绿波白浪，主要缘于湖泊湿地特殊的水文物理性质，即疏松透水的土层。高邮湖土壤中的草根层和泥炭层的孔隙度达到72%～93%，饱和持水量每千克达0.5～10千克（滩涂草泽地区更高），每公顷湖泊湿地可储存水量2 000～15 000米³。

而在草木扎根之处与肥腴湿土之下，则是更为发达纵横的地下蓄水系统。那些来自上天的甘露，或是四方汇聚而来的泉流，沉贮于低洼的高邮湖底与草滩上，再通过松软的土层渗入地下，地下因地表湿地水的补充，使得水位得到维持。湿地水与地下水不断交互作用，进一步向下迁移，直到最终流至地下深层，成为长期水源。这里与世相隔，远离尘世，所蓄之水乃是纯净清澈的清华，水源涵养的效果十分显著。

天然水库旁的高邮城（高邮市政府/提供）

对于高邮湖周边地区来说，高邮湖宛如一座居中临坐的天然蓄水库，可谓资源丰盈、能源充沛。高邮湖既是大湖，更是活水，所以其水质佳美、口感醇良。对高邮湖南滨的“湖西四乡镇”而言（菱塘、天山、送桥、郭集），高邮湖是最重要的饮用水源；而与高邮湖隔河相对的河东二镇（界首、马棚），则将高邮湖作为备用水源。除了高邮地区的20万乡民外，西陲的安徽天长市、北滨的淮安金湖县等地，也都将高邮湖视为当地重要的水源。

曾几何时，高邮湖水清可映颊，水澈能濯足，水质常年为饮用水Ⅰ级标准。如若泛舟湖上，凝视湖面，目光能顺水穿透湖底，或见蟹逐青荇，或见鱼唼苇根，此时再经湖风的一通撩拨，便会让人忍不住舀起一碗湖水饮用，清凉碧水顿时侵入脾胃，让人赏心悦目之余，再添一番神清气爽。不过近几年，随着周边生产与生活污染的加剧，高邮湖水质有所下降，但依然能达到居民合格用水的Ⅲ级标准。2018年3月，扬州市城市水环境质量报告数据显示，高邮湖水源的饮用水100%达标。

从盈盈湖群，到悠悠大湖，千百年来，高邮湖虽经云泥之巨变，但滋滋哺育周边乡民的初心，历尽沧桑而始终如一。2013年年底，南水北调工程东线成功开始通水，东线工程以扬州江都为取水源头，以京杭大运河为输水主干线之一，连接高邮湖、洪泽湖、骆马湖等多个地区大湖，向北输送南域水源。至此，高邮湖的一湾清波随着南水北调工程，穿越淮水、黄河等大川名流，流入了北方千万家庭之中。曾经润泽一方的高邮母亲湖，如今已然升级成了造福整个北方的优质水源之一。

2．洪水穿湖过，清波湖中生

与蓄水供能相比，高邮湖在调洪排涝方面的价值更突出，作用也更明显。早在明清时期，高邮湖就已开始承担蓄纳黄渎、削减洪峰的重任。时黄河南侵，潮吞淮泽，高邮湖区因地处“洪水走廊”而备受黄灾淮患侵扰。每当秋水暴涨，淮河运道便排水不及、泄水不畅，只能或主动、或被动地将裹挟有大量泥沙的余水排泄至河湖成群的高邮湖区，致使其水位上涨、泥沙沉积，湖生荡、荡连片，直至最终连成一湖。明代隆庆《高邮州志》有载："淮水不得入海，千流万派毕会于邮，而高邮遂成巨浸矣。"从那时起，高邮湖就被喻为当地乡民的"救命湖"。

自黄渎北徙后，高邮湖湿地区黄患不再，但高邮湖仍是沟通江淮两条大流的重要运道。每到淮河汛期之时，90%的淮河水都要通过三河闸泄入高邮湖，然后再经新民滩（高邮湖湿地区最大的滩涂）、邵伯湖泄入长江。而淮河为中国七大河之一，与长江、黄河和济水并称"四渎"，汛期时水量大、水速快，万吨大水倾泻入湖，高邮湖岿然接收，纳洪水、削洪峰、调径流，是淮水入江运道最重要的组成部分与环节。

淮河涨水属典型的"伏汛"，始于每年6月，止于当年9月，高邮湖自然与之基本同步，入湖水量以每年7～9月为最大，尤其7月时，水量最大、水位最高，如若发生水漫四野、汛期为灾的情况，也多在此月。高邮湖的设计洪水位在9.50米，相应容积37.7亿米^3，与正常水位（5.5～5.7米）所蓄纳的9.3亿米^{3}左右的水量相比，足足扩容了超过300%。可以说，高邮湖湿地是里下河地区吸水性能最强的一块天然吸水"海绵"了。

与日常生活中发泡塑料聚合物制成的吸水海绵不同，高邮湖湿地这块"天然海绵"不仅面积更大，构成也更为复杂。缥缈无涯的湖面和广袤无边的湖滩是它最大的倚仗，所以尽管高邮湖之上、洪泽湖出口中渡之下，河道狭长、水流湍急，但奔流荡荡的淮水一入高邮湖，便如玩闹归家的孩子，收敛了凶悍的脾性，褪去了喧闹的外衣，于高邮湖中静静徘徊、缓缓南行，这就是大湖博大的胸襟。

湖中的水生植物，也是调洪降流的好帮手。不管是浮于湖中的草荇，还是生在荡中的芦苇，抑或头戴绿冠的灌木们，它们扎根深土、抱团而生，用自己的身躯臂膀来减缓大潮的步伐，安抚水流的脾性。最威武的则是一排排的池杉，它们驻扎湖岸、拔水而起，不

仅耐水耐湿、“水性”极好，而且其植物根系发达，四周植物残体堆积，对湖岸堤坝有强大的固着作用，可以大大削弱水流的冲力。

草阻洪水唤船来（王洋／摄）

与大湖相接的滩涂草泽，是行洪时最佳的消涨带。滩涂乃是一片广袤的衍沃绿野，高邮湖正常水位时，占地万顷，如此广域，即使在同体量的湖泊湿地中也不多见。滩涂上，本是草洲漫漫，大小绿洲形态各异，河、汊、池、塘、沼等，像一条条无瑕的玉带，环绕绿洲。它们由水相隔，又与水相融。待上游开闸放水，高邮湖水位上涨，湖水逐步淹漫滩涂，一路平沟填壑，滩涂连绵起伏的地势，起着阻水减流的作用，直至大部分的绿洲没至水下。至此，滩涂与湖泊相连，只有白水，不见绿洲。

实际肉眼所见，仅是一片白茫茫的清波，目力所限之处，才是更为“宽广”的水世界。与滩涂覆盖的地表水水量相比，更多的余水是储存在植物体内与土壤之中（主要是草根层和泥炭层），高邮湖滩涂能保持比自身重量重3～9倍的水分，1块100公顷的滩涂湿地，存储水量就相当于一个大型水库，由此看来，仅高邮湖湿地滩涂就足以抵得上100个大型水库。不过地表泄洪排水，终有极限，最远不过东界大堤，暗潮涌动的土壤深处拥有更好的输水通道。过剩的水渗入地下后，通过透水性极好的土层和交织相连的暗河，在悄无声息之中，就将水输送到更远的地方。

正是在高邮湖湿地内部各子系统的联动作用下，高邮湖调蓄洪水的作用十分显著，自新中国成立以后，罕有汛期水位超过设计洪

浩渺高邮湖（高邮市政府/提供）

水位（9.5米），迄今为止仅有2003年的最高水位超过9.5米（为9.52米），真正实现了“洪水穿湖过，清波湖中生”的效果。当然，在这背后也有人力的谋划参与，尤其是位于入江水道节点的王港闸、三河闸、万福闸等多个人工建筑的水闸，在泄洪入江的过程中起到了重要作用，这是人与自然的经典谋合。

3. 优质空调器，控温又加湿

调节局部小气候，是高邮湖湿地的另一项“天赋技能”。简单来说，高邮湖湿地通过内外水汽、氧、炭等物质或元素的循环运动，来发挥自身对当地及周边温度、湿度、空气等方面的调节作用。这种作用与效果肉眼无法观之，但却能切身感受其中的变化与韵律，如让人感觉空气清新、温润舒适，令人神清气爽等。高邮湖湿地就像大自然的“空调”，不仅功率大，而且无污染、无能耗，真乃“生

态宜居”的一处宝地。

高邮湖湿地由水而生、因水而兴，水自然是湿地内最大的资源与财富。大湖湖面浩渺，蓄水量常年近10亿吨。滩涂河网交织、港汊纵横。或密布、或丛生的野生植物们，也是饱含水分、翠油欲滴，而它们扎根的深土里，更是水土相间。灵动无瑕的水最是“不甘寂寞”，它们受太阳日照的“勾引”，总想逃离湿地，飞往天空，拥抱日月，所以水域里的水不断蒸发，地表和植物里的水则时刻蒸腾。

吸热控温　冬暖夏凉　基于湿地内的蒸发与蒸腾作用，大量水资源完成了由“液态”向“气态”的转变。在这个过程中，湿地水会顺带吸收湿地内的大量热量，湿地自然由热转冷，温度降低。

就区域而言，湿地内的降温效果以核心区最佳，距离越近，降温效果自然越明显，温度也就越发清凉宜人。就时节而言，高邮湖与周边的内外温差以夏季最大。据2009年的观测，当年7～9月高邮

高邮湖湿地：空气清新　冬暖夏凉（高邮市政府/提供）

湖的水体蒸发量分别为77.3毫米、77.9毫米和39.4毫米，平均温度为20℃，而周边环境平均温度为27.8℃，两者温差接近8℃。

在具有温差的湿地环境里，冷、热空气之间相互碰撞与角力，由此孕育了“风”。高邮湖上多大风，每逢风寒骤起，湖上就暗潮生渚，逆浪滔天，此景常令游人惊骇，“秦邮八景”之一的“西湖雪浪”即是由此生成。不过高邮湖的风，皆因内外温差，实际在内部，四季温度相差反倒不大（与同时期的周边相比），盖因水量虽大，但吸热和放热都较慢，导致湿地热容量大、异热性差，气温变幅小，夏季凉，冬天暖。

水汽循环　降雨增湿　“湿润”是湿地的标签之一，湿地以“湿”为名，便足以说明问题。高邮湖湿地“八分水二分地”，水几乎无处不在，其中的一地一物、一草一木，皆离不开水的“宠幸”，整个湿地自然也是“湿”性大发。

与湿地调节温度的原理类似，高邮湖对当地湿度的调节同样基于水循环机制，即通过蒸发与蒸腾作用，地表水以气态或液态颗粒的形式，或游散于空气之中，或弥漫在草滩之上，高邮湖上湿雾朦胧，草林中湿气氤氲。

在空中，水汽漂浮，簇集成云，水汽越多，云滴越大，直到克服空气阻力和上升气流的顶托，降落成雨，水回归湿地后，等待阳光的再次召唤，如此便完成了一次水循环。高邮湖湿地降雨频繁、雨量充沛，对于湿地生灵来说，一次降雨，既是一场甘霖，也是一次柔润的沐浴。

光合释氧　净化空气　丰富而繁杂的野生植物，是高邮湖湿地肌体上的缤纷外衣。这些绿色精灵们，以二氧化碳为“食”，通过光合作用，释放出人类赖以生存的氧气，以此提升空气中的氧气含量。氧气善于“捕获”空气中的一些自由电子，这些电子是空气分子在高压或强射线作用下、经电离而产生的。由于这些氧气离子带负电

负氧离子“爆表”的湿地森林（高邮市政府/提供）

荷，所以获得了一个洋气而时髦的俗名：负氧离子。

负氧离子能降解中和空气中的有害气体，被誉为“空气中的维生素”。科学研究证明，充足的负氧离子能调节人体生理机能、消除机体疲劳、补充生命活力，同时还能改善睡眠质量、预防呼吸道疾病、改善心脑血管疾病、降血压等。高邮湖湿地的负氧离子浓度堪称“爆表”。据测算，每立方厘米的空气中至少有10 000个负氧离子，而城市中每立方厘米仅仅只有50到200个负氧离子，所以高邮湖湿地是名副其实的“天然氧吧”。

所以，当你厌倦了城市里的污浊喧嚣，并渴望新鲜空气之时，高邮湖湿地便是一个绝佳的去处。在这里，一缕普通的清风，便能让你放松心情，收获神清气爽的惬意，空气中的负氧离子时刻想要渗入你的毛孔，去滋润你的心肺。深呼一口，满身的浊气由鼻而出，似乎整个身子都轻快了许多。通过慢慢吐纳的过程，清新的元气逐渐补充你的身体。一股清凉沁入你的大脑，直到你感觉整个灵魂都得到了净化。在一片绿水蓝天之下，不知是因景而醉，还是因氧而醉。

（二）生物“大超市”

高邮湖湿地既含水体，又含陆地，黑土浸水、白水润土，加之气候湿润、地貌多样，湿地自然是丰草长林、鸟兽群集。高邮湖湿地堪称“野生动植物的天堂”，目前已知湿地植物有153种，其中水生植物53科131种；野生动物有122种，其中省级以上保护野生动物13种。在这个庞大纷杂的“生物家族”中，众生你中有我、我中有你，相拥相伴、相融相生，形成一个统一而独特的动植物生态系统。种类丰富、数量繁多的动植物资源，也让高邮湖湿地收获了“生物超市”“基因库”等美名。

1. 沉水植物：植物中的“潜水员”

顾名思义，沉水植物皆扎根水底、“沉”于水中。沉水植物或呈淡绿，或显红褐，它们丝丝缕缕，簇集而生。一阵清波撩动，水底的植物们便随之舞动，修长细薄的茎叶梳理出水底的褶皱，而鱼虾们嬉戏其中，并以此为食。水中常年氧气稀少，但沉水植物们却能于清流之下终年蛰伏，以水养命，堪称植物中的“潜水员”。

苦草群落（*Vallisneria natans* community） 苦草群落广布于高邮湖湿地内的沟渠、池塘和湖近岸浅水地带，高邮湖大闸蟹、青虾、鲤、鲫、鳜鱼等皆喜食之。在水下常伴生金鱼藻、菹草等沉水植物，水面亦常有少量荇菜、野菱等浮水植物相伴。苦草色白，雌雄同株，茎叶细弱光滑，有草中“羞女”之韵。

黑藻群落（*Hydrilla verticillata* community） 黑藻群落生长在湖区众多水深0.5～3米的池塘、沟溪、沟渠和积水田等处，伴生种有狐尾藻、金鱼藻、水车前等沉水植物。其茎直立细长，其叶带

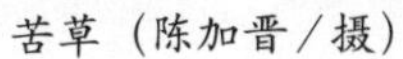

苦草（陈加晋/摄）

黑藻（陈加晋/摄）

状披针，有亭亭玉立之姿，观赏价值很高。在水草“族群”中，黑藻可谓集合了众多水草的优点，河蟹尤其喜食。俗话说：“蟹大小、蟹多少，看水草”，高邮湖大闸蟹之所以个大鲜嫩、膏红黄多，头顶“全国十大名蟹之一”“国家地理标志产品”等多项荣誉桂冠，湖中的黑藻群落功不可没。

菹草群落（*Potamogeton crispus* community） 菹草群落在水深0.5～2.5米的湖中、池塘、沟港及河湾水流中都有分布，伴生种有黑藻、狐尾藻、金鱼藻、水车前等沉水植物及少量荇菜、野菱、芡实等浮水植物。菹草形体颇有特色，茎扁圆形，叶披针形，更特别的是，叶缘波状，且具锯齿，即使在丰富多样的沉水植物中，也显得别具一格。菹草用途甚广，可做鱼类饲料、大田绿肥、绿化材料，甚至还可制成鲜嫩蔬菜供人食用。

金鱼藻群落（*Ceratophyllum demersum* community） 金鱼藻群落主要分布于高邮湖湿地区内水深0.5～1.5米的湖边、池塘、沟港中，常伴生有其他沉水植物和浮叶植物，如黑藻、苦草、狐尾藻、荇菜、莲、槐叶萍、浮萍等。在湿地内，金鱼藻群落常呈块状，但面积不大，绿色较多，也有褐色，其茎细嫩，茎上有多个分支，叶柔软细长，如丝如针。金鱼藻亦是典型的“水中人家”，其生长、繁育都在水中完成。

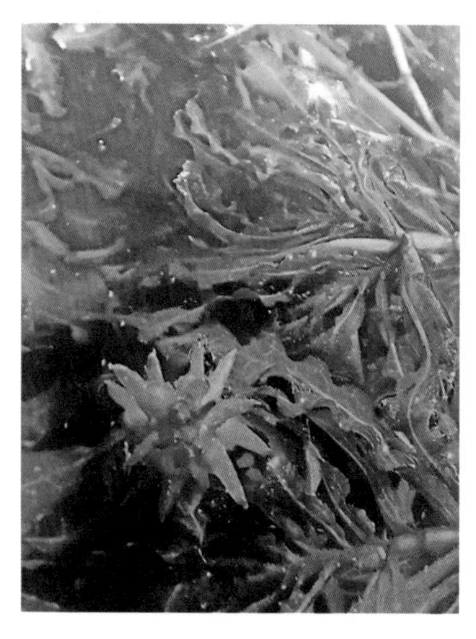

菹草（陈加晋/摄）

金鱼藻（陈加晋/摄）

2. 漂浮植物：高邮湖湿地的“漂泊浪子”

漂浮植物的根不生于水底泥中，其浮于水面，又随水流、风浪四处漂泊。高邮湖的漂浮植物种类不多，但植株密度和群落盖度都很大，它们看似“居无定所”“四海为家”，但一旦与其他漂浮植物相遇，便会停下匆忙的“脚步”，与其和谐共处、结伴共生。

浮萍·紫萍群落（*Lemna minor and Spirodela polyrrhiza* community） 浮萍·紫萍群落广泛分布于沿湖村庄的池塘、沟溪、港汊、水田及湖边静止的水域中，一般常见的伴生种有荇菜、槐叶萍、野菱等漂浮植物。浮萍与紫萍同为浮萍科植物，形体相似、水性相同，满眼望去，但见水面绿萍翠叶，片片交织、层层相叠，难分彼此。

满江红·槐叶苹群落（*Azolla imbricata* and *Salvinia natans* community） 满江红·槐叶苹群落主要分布在湖近岸浅水水域及池塘、沟渠、洼地、水田等处，伴生种多为各种浮萍、荇菜等漂浮植物。满江红植株呈三角状，叶片呈鳞状，且分有裂片，上下重叠；而槐叶呈椭圆状，叶缘光滑，片大如豆。两者一兀一平、一刚一柔、虽全然不同，却能和谐共生，实是自然的妙趣。

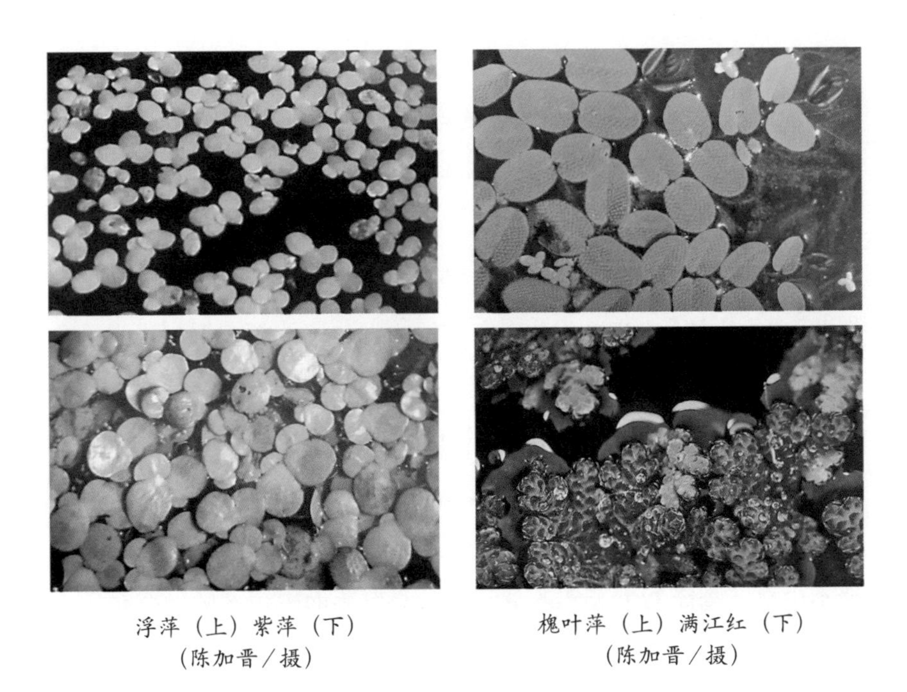

浮萍（上）紫萍（下）
（陈加晋/摄）

槐叶苹（上）满江红（下）
（陈加晋/摄）

凤眼莲群落（*Eichhornia crassipes* community） 与上述两类不同，凤眼莲大多单独成群，它们的身姿常常显现在高邮湖沿湖村庄的池塘、沟渠中，高邮湖近岸浅水域也有分布。凤眼莲群落盖度不大的情况下，附近常有满江红、荇菜、槐叶苹及各种浮萍等浮水植物伴生。凤眼莲花瓣艳丽多彩，花冠四周呈淡紫红色，但中间却呈蓝色，蓝色中央又有一黄色圆斑点，如凤眼一般，加之其叶呈莲座状排列，所以便有了“凤眼莲”之名。

3．浮叶植物：高邮湖的缤纷外衣

浮叶植物虽是浮于水上，但根茎却深扎在水底。植物之间，茎叶交叠、红绿交织，恰如水面上一件件缤纷的外衣。

荇菜群落（*Nymphoides peltatum* community） 叶片状若睡莲，小巧别致，花朵挺出水面，鲜黄而多娇，是庭院点缀水景的佳品。荇菜群落主要分布于水深1.5米左右的高邮湖的湖边、浅水池塘、沟渠及长年积水处，伴生的浮叶植物有野菱、芡实、金银莲花、睡莲等，伴生的沉水植物常见有黑藻、金鱼藻、菹草、狐尾藻等。

眼子菜群落（*Potamogeton distinctus* community） 又称“案板芽”“水上漂”，其群落分布在高邮的湖边、池沼、溪河浅水处及水稻田内，在盖度不大的状况下，有槐叶萍、满江红、浮萍、紫萍等浮水植物伴生，水中则多见有金鱼藻、黑藻及菹草等沉水植物。

芡实群落（*Euryale ferox* community） 芡实叶呈箭形或椭圆肾形，花梗粗壮，花瓣紫红，浆果期则又呈现污紫红色。高邮湖湿地不少水域都能看见芡实的身姿，且集群落而生，湖区一些村庄内的池塘、沟溪中常呈零星或小块状群丛生长在水深1～2米处，最深可达5米。

菱群落（*Trapa* spp. community） 菱是高邮湖湿地著名的特产，亦是湖区主要的经济植物之一，在湖中有大量分布。菱叶碧翠，菱花色白、花开白蕊。当地乡民对菱有着质朴的偏爱，江苏省唯一的少数民族乡“菱塘回族乡”就是以“菱”为乡名。

浮叶“三姝”：菱的叶（左）眼子菜的花（右上）芡实的果（右下）（陈加晋/摄）

4．挺水植物：拔水而起的“修长剑客”

挺水植物，大多细翠而修长，它们深植底泥，以土为基，拔水而起。它们身披绿鞘，迎风摇曳，翠涛翻腾。早在两千年前，《诗经》就赐予了挺水植物中的杰出代表“芦苇”美好的称谓和形象，将之喻为“伊人”：“蒹葭苍苍，白露为霜。所谓伊人，在水一方。”

芦苇群落（*Phragmites australis* community） 芦苇是高邮湖湿地族群最多、分布最广的水生植物，广布于高邮湖几乎所有岛屿、低洼沼泽地或河流两岸低洼地域或浅水中，分布面积大小不等，翠玉交叠。施耐庵曰：“只见茫茫荡荡，尽是芦苇蒹葭。”

只见茫茫荡荡，尽是芦苇蒹葭（高邮市政府/提供）

菰群落（*Zizania latifolia* community）**与蒲草群落**（*Typha angustifolia* community） 菰群落在高邮湖近岸处浅水域、湖中各小岛四周、沟河边、港汊、池塘及水田中都有分布，以淮河口至大新滩为最多。而蒲草群落则常呈零星或小片状生长于湖中各小岛四周水深一般为0.8米左右的浅水域或池沼、沟塘中。菰蒲常常共生、杂生，古人也常以“菰蒲”统称，诗曰：“菰蒲无边水茫茫，荷花夜开风露香。”

慈姑群落（*Sagittaria trifolia* community）慈姑群落在浅水湖沼、池塘、沟溪及稻田中都能见到。在盖度不大的情况下，还常见满江红、槐叶萍及多种浮萍等浮水植物和少量沉水植物伴生，如菹草、黑藻、金鱼藻等。

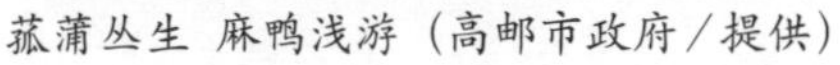

菰蒲丛生 麻鸭浅游（高邮市政府／提供）

于湖边水生植物群落里安家（高邮市政府／提供）

5．湿生及陆生植物：滩涂沃野的“美容师”

湿生植物喜湿耐潮，水性足够，但水瘾不大，总体上可水可旱；而陆生植物对水依赖性更小，降雨与土壤所储之水，即可满足其生长所需。从植物分布区域上看，湿生与陆生植物已离湿地核心区稍远，

陆地在高邮湖湿地占比很小（陈加晋／摄）

尤其后者，在习性上已与适水而生的湿地植物有很大区别。从植物形态来看，它们多为低矮草本，幽幽从生于滩地、坡地、堤地等各处，继而铺天盖地，占领整个滩涂沃野。满眼望去，起伏连绵之间，绿意盎然，烂漫夺目。这些绿色生灵们，就像湿地的美容师，时而给某处高坡系上了一条盈翠绿带，时而又给洲滩绣上一件青翠罗裙。

狗牙根群落（*Cynodon dactylon* community） 在湖中诸多岛屿荒地、湖泊岸边滩地、湖堤两边坡地多有分布，大者数公顷，小者寸指间。土壤大多为潮土，潮湿肥沃，有些地段常有季节性泛滥水，不过若过水时间太长，狗牙根则成片死亡。狗牙根株形紧凑，体态优美，叶形多样，色彩更是缤纷，不仅含有从深到浅各种绿色，甚至蓝色、黄色、橙色、棕色等，也都是其变装的主色调。

薹草群落（*Carex* spp. community） 分布面积仅次于芦苇群落，是高邮湖湿地最重要的植被群落之一，在地势较低，但又不太潮湿的洲滩、渔场等湖边滩地分布较多。高邮湖滩涂黑土上，基本全覆盖一层厚厚的薹草，高低起伏、绵延四方，宛如座座绿洲。每至汛期，薹草为水漫过，没于水中，逐步化为土壤绿肥。

水蓼群落（*Polygonum hydropiper* community） 广布于高邮湖湿地内的洲滩、沟渠港汊边及河滩地。水蓼通体深绿，值水蓼成熟开花之际，红花映绿、红绿相间，甚是好看。待到秋末入冬，水蓼又呈黄褐色，呈现出一派萧瑟的季相。

蒿草群落（*Artemisia* spp. community） 在高邮湖湿地，蒿草族群较复杂，以蒌蒿、青蒿、黄花蒿等为优势种，它们大多分布于湖泊洲滩、沟河两岸滩地等，为湖区杂草类草甸植被中分布最普遍的群落类型之一。各种蒿草除单独构成大面积的纯丛外，有些地方与灰化薹草、水蓼等群落，交错杂生、镶嵌分布。烂漫春光时，大地片片翠绿、点点红黄，蒿草虽于深草中拔擢露头，但仍少有人注意，直到旷野秋风，一片萧瑟之中，但见飕飕黄蒿，脱颖而出。

6．浮游动物：小身体组成的大世界

高邮湖浮游动物常年于水中浮游，所以以“浮游”之名代之。浮游动物身形微小，极小者以微米丈量，人类肉眼实难观测，但其种类繁多、数量极大，是高邮湖湿地动物群体中最“人丁兴旺”的一大“家族”，而且远比排名第二的浮游植物庞大复杂得多。

据统测，高邮湖浮游动物有35科63属91种，包括了无脊椎动物的大部分门类（表3），差不多每一门类都有永久性浮游动物的代表种类，还包括各式各样的幼体（表4）。种类最多的属是臂尾轮虫属，多达6种之多。

表3 高邮湖湿地浮游动物的组成与数量

序　号	名　称	科　数	属　数	种　数	占总数比例（%）	平均数量密度（个／升）
1	原生动物	15	18	21	23.1	1239.2
2	轮虫	9	24	37	40.7	166.4
3	枝角类	6	10	19	20.9	16.6
4	桡足类	5	11	14	15.4	36.6
总计		35	63	91	100	1458.8

表4 高邮湖湿地浮游动物中的优势种

序　号	名　称	优势种
1	原生动物	尖顶砂壳虫、间体砂壳虫、钟形虫、降缩虫、累枝虫、急游虫、中华似铃虫
2	轮虫	萼花轮虫、台氏合甲轮虫、螺形龟甲轮虫、矩形龟中轮虫、曲腿龟甲轮虫、晶囊毛轮虫、刺盖异尾轮虫、奇异旬腕轮虫、独角聚花轮虫
3	枝角类	短尾秀体溞、长肢秀体溞、僧帽溞、长刺溞、角突网纹溞，棘体网纹溞、微型裸腹溞，长额象鼻溞、简孤象鼻溞、颈沟基合溞、圆形盘肠溞
4	桡足类	状许水蚤、球状许水蚤、中华窄腹水蚤、广布中剑水蚤、台湾温剑水蚤

7. 底栖动物：生于水底　以泥石为家

底栖动物终年栖居水底，它们或固着于岩石之上，或埋没于泥沙之中；或以沉积物为生，或以悬浮物为食。高邮湖湿地的底栖动物多为无脊椎动物，是一个庞杂的生态类群，生活方式亦十分多样，除固着、底埋外，还有钻蚀、底栖、自由移动等，它们的共同特性是不喜迁移，有安土重迁的情怀。

目前高邮湖底栖动物有8纲39科57属75种，包括环节动物、软体动物、节肢动物三类（表5），平均密度138.7个／升，生物量91.84克／米^2，其中青虾、克氏原螯虾等已具备品牌基础，是水产业重要的野生种质资源。三大类群的数量和生物量排序为：软体动物>节肢动物>环节动物。

表5　高邮湖湿地底栖动物的组成与数量

序号	名　称	纲数	科数	属数	种数	优势种
1	环节动物	3	6	7	7	苏氏尾鳃蚓
2	软体动物	2	11	25	43	河蚬、圆顶鳞皮蚌、背角无齿蚌
3	节肢动物	3	22	25	25	甲壳纲
	总计	8	39	57	75	

环节动物　由多毛纲、寡毛纲和蛭纲组成，以寡毛纲最占优势，其种类数、出现率、密度和生物量都占全部总类的95%以上。

软体动物　有腹足纲和瓣思纲两大类。不论从密度还是生物量上，它们在高邮湖底栖动物中都是最主要的类群，生物量高达97%，其中河蚬又是优势种，占软体动物数量的80%以上，占生物量的90%以上。

节肢动物　同样是高邮湖湿地生物圈中一个庞大的类群，种类组成较复杂，包括甲壳纲、蛛形纲和昆虫纲，以甲壳纲最占优势。

8. 野生鱼类：古老而俏丽的水中精灵

湖宽泥衍沃，水清草丛生。高邮湖堪称“鱼族世界”，鱼类资源是湿地带给当地乡民最丰富的馈赠。野生鱼类是高邮湖湿地最古老的居民之一，从7 000年前的新石器时代起，高邮湖湿地先民就在湖上撒网捕鱼、呷啜鳟羹。高邮湖历千百年风雨，渔业一直是水乡泽畔的经济支柱之一。20世纪50年代是高邮湖鱼产最为鼎盛的时期，仅1957年的捞捕量就达9 952吨。直到1987年，高邮湖鱼类养殖量才第一次超过捕捞量。

品种丰富、种质珍贵，是高邮湖野生鱼类的显著特征。高邮湖鱼类共有9目16科50属67种（和亚种），以鲤科为主（共41种），另有鳅科、鮨科、鮠科、塘鳢科、鱵科等多种名贵鱼类。主要经济鱼类包括：鲤、鲫、鳊、鲂、青、草、鲢、鳙、湖鲚，银鱼及鳜、鲶、乌鳢、鳗鲡等20种左右。

在世界淡水鱼类分布中，高邮湖鱼类属古北区；而在中国淡水鱼类分布中，高邮湖鱼类属江河平原区，所以鱼种主要由“江河平原复合体”和“古代上第三纪复合体”构成（表6），并以前者为重，其中鲢鱼、鳙鱼、长春鳊、翘嘴红鲌、三角鲂、蒙古红鲌、戴氏红鲌、银飘鱼、似鱼乔、鱼参鲦、贝氏鱼参鲦、青鱼、草鱼、鳡鱼、银鲴等，都是我国特产的江河平原鱼类。

表6　高邮湖野生鱼类的组成与优势种

序号	鱼类组成	优势种
1	江河平原复合体	青鱼属、草鱼属、鲢属、鳙属、鲂属、鳜属、鲌属、鲴属
2	古代上第三纪复合体	鲤属、鲫属、泥鳅属、鲶属、鳑鲏亚科（鳑鲏属、鱊属、田氏鱊属）

高邮湖鱼类主要分四大类。

第一类　个体大、数量多　包括鲤、鲫、鳊、鲂、草、鲢、鳙、青、赤眼鳟等，其中鲤鱼和鲫鱼占捕捞产量的15%～20%。

第二类　个体小、数量多　包括鳑鲏、泥鳅、虾虎鱼、麦穗鱼、船钉鱼、棒花鱼和刺鳅等，约占总捕捞量的15%～20%。

第三类　个体小、商品价值高　包括刀鲚、银鱼和黄颡等，其中刀鲚产量占捕捞产量的7%～27%，银鱼年产量则有40～330吨，占捕捞产量的0.3%～3.0%。

第四类　数量少、经济价值高　代表性鱼类为鳗鲡。

飞鸟击鱼
（高邮市政府／提供）

珠湖鱼宴之"金丝鱼片"（高邮市政府／提供）

9．野生两栖动物：能水能旱，水陆通吃

高邮湖湿地两栖类动物均为无尾目种类，共有2科4属6种（表7），占全国两牺动物总种类数的2.1%。湿地两栖动物虽然族群不兴、数量不盛，但省级保护的物种就有两个：金线蛙和黑斑蛙。

表7　高邮湖湿地的野生两栖动物

序号	分类（科）	数量（种）	两栖动物
1	蟾蜍科	1	中华大蟾蜍
2	蛙科	5	中国雨蛙、金线蛙、黑斑蛙、泽蛙、饰纹姬蛙

从组成来看，高邮湖湿地两栖类动物类群明显具有南北过渡及古北界的特点：东洋界种类少，以古北种和广布种为主。

10．野生爬行动物：披鳞带甲的湿地“大佬”

高邮湖湿地爬行动物共有2目6科13属17种（表8），占全国爬行动物总种类数的4.3%，其中乌龟、黄喉水龟、黄缘闭壳龟、水赤链、王锦蛇、黑眉锦蛇、翠青蛇、乌梢蛇、短尾蝮蛇此9种，属于江苏省重点保护物种，占湿地爬行类生物量的一半以上。

表8　高邮湖湿地爬行动物的组成

序号	目类	亚目类	科数	属数	种数	名　称
1	龟鳖目		1	4	4	中华鳖、乌龟、黄缘闭壳龟、黄喉水龟
2	有鳞目	蜥蜴亚目	3	4	4	多疣壁虎、中国石龙子、北条草蜥、水赤链
		蛇亚目	2	5	9	王锦蛇、红点锦蛇、黑眉锦蛇、玉斑锦蛇、棕黑锦蛇、虎斑游蛇、乌梢蛇、短尾蝮蛇、翠青蛇
总计	2		6	13	17	

在高邮湖湿地，爬行动物位居食物链上游。它们大多披鳞带甲，要么身背坚硬外壳，要么具有一身矫健肌肉，抑或行动迅猛，所以罕有天敌。爬行动物们游走于浅水草泽地带，捕食休憩，生活十分富足惬意。

11. 野生兽类：伶俐轻巧的生灵

高邮湖湿地的兽类资源较贫瘠，仅有12种，12种野兽分别隶属于5目8科（表9），占江苏省兽类种类的14%。这些野兽无一例外均是小型野兽，它们体态轻盈、灵巧好动，时常隐蔽穿梭于丛林草地里，对水源虽有需求，但并不依赖，活动范围比较大，其中省级保护动物有：黄鼬、猪獾、狐狸和小灵猫。

表9　高邮湖湿地的野生兽类

序号	分类（目）	数量（种）	优势种
1	食肉目	4	黄鼬、猪獾、狐狸、小灵猫
2	啮齿目	3	黑线姬鼠、褐家鼠、小家鼠
3	食虫目	3	食虫目
4	翼手目	1	蝙蝠
5	兔形目	1	草兔

（三）候鸟迁徙的“驿站”

高邮湖湿地育养万物，虽说众生百态，各有千秋，但身姿最灵动、仪态最优美的无疑要属栖息于湿地的鸟类了。几乎所有鸟类都喜欢湿地环境，水禽更是将湿地作为其主要的活动场所，我国湿地面积仅占国土面积的2.6%左右，但约有1/2的珍稀鸟类以湿地为家。在高邮湖湿地，鸟类是最有保护价值的生物资源，每年迁徙至此越冬（夏）、旅居、繁殖的鸟类多达几十万，共194种，隶属14目40科76属，其中夏候鸟41种，冬候鸟59种，旅鸟51种，留鸟43种。它

高邮湖湿地孕育生命（高邮市政府/提供）

们展翅翱飞，身姿各异，时常又争相斗艳，是这片湿地中最闪耀的“明星”。

1. 东方驿站：候鸟迁途中的加油点

世界鸟类近万种，候鸟即占一半。候鸟善飞，定期迁徙。每年春秋两季，正是地表生灵和煦安宁的时候，但九天之上则正上演一幕幕蔚为壮观的鸟群迁徙画面。不论是鸿衣羽裳一族，还是翠羽朱冠一派，都在挥翅舞翼、翱集飞翔。可能你不经意的一次抬头，就能瞥见天空中有一支南徙的大雁队伍，由远及近，遮天蔽日，又逐渐由近及远，直至消失于苍穹尽头。又或在你低头冥思时，视线里冲入一群结伙的鹌鹑，如疾风吹落叶般投入灌丛草地，一边停歇汲水，一边扑翅啼叫。

不过虽说候鸟种类多、数量繁，但在整个全球范围内，总共也就只有八条鸟类迁徙通道，有三条通道覆盖我国全境，分别是“东非－西亚”“中亚－印度”“东亚－澳大利西亚”。这三条通道几乎贯穿地球南北的迁徙通道，又分别对应包含了我国候鸟迁徙的三条路线，即西部路线、中部路线、东部路线，其中东部路线纵跨我国所有东部城市，是全球最“拥挤”的鸟类迁徙通道。每年辗转来往的鸟类约有380种，达数千万只，有国家一级保护动物17种，二级保护动物60种。

对于迁徙的候鸟们来说，长路漫漫，路途多艰，途中可供停靠、休憩乃至长住的驿站自然就必不可少，高邮湖湿地位于江淮，地处南北通衢，控扼东部路线的中轴点，正是“东部路线”上的一处重要驿站。萧瑟秋日，北境的鸟儿从中国东北、贝加尔湖，乃至西伯利亚出发，向南迁飞；料峭春光时，南国的鸟儿则从我国华南地区，甚至东南亚各国启程，飞向温煦的北方。它们昼夜兼程、一路风雨，飞临至高邮湖地界时，行程已经过半，路途已超数千里，此时鸟儿们大多困乏交瘁、形销骨立，而高邮湖湿地出现在它们最为需要的时候，可谓恰到好处。

清波自有鸟恋（高邮市政府／提供）

2．虫草丰美：温润适宜的越季环境

恰如人类购房置业一般，迁徙鸟类在旅居湿地的选择上，也会有诸多思量、多番比较，最后才会“买定离手”。如果说控扼中轴的上佳地段是高邮湖湿地的先天优势，那么温润适宜的越季环境就是高邮湖湿地的核心竞争力，前者已使其在与同类湿地竞争的起跑线上领先了一小步，后者更让高邮湖湿地脱颖而出，成为江苏中部地区，乃至整个江淮平原最具生机的一处宝地。

在湖区，夏季清爽，冬季和暖，冬夏温差不大，四季温润，很少有像高邮湖湿地这样，不仅适宜越冬，越夏条件也同样优越，所以湿地内南下的冬候鸟有59种，北上的夏候鸟则有41种，种类相差甚小。上有温润气候的“呵护”，下有肥沃水土的“滋养”，高邮湖湿地自然绿意盎然、生机勃勃，生物多样性十分典型。

且看大湖渺渺，深水清，浅水澈，湖中水草竞相丛生，藻荇纠缠交织，大鱼小鱼成群结队，虾兵蟹将恣意妄为，还有懒散胆小的河蚬、皮蚌等，这些都是雁鸥们眼中的“珍馐美味”。滩涂上草长叶茂、木秀花繁，栖居其中，不仅惬意安宁，而且十分隐蔽安全。此

妈妈来了（高邮市政府/提供）

外，河沟港汉里的水虫、螺蛳、小鱼、小虾等，亦四时不缺，只需长喙利爪，就能饱腹，觅食难度相当低。来这里越季的鸟类，无凄风冷雨之灾，无猛兽凶禽之敌，更无受冻饥谨之患。

值得一提的是，湿地鸟类都有领地意识。即使湿地内水美、草茂、饵丰，但若分布不均、分配不公，湿地鸟类就会彼此争斗、众生不安，但高邮湖湿地丰富多样、层次分明的地势地貌避免了这种局面的出现。湿地既有大湖，又有浅水，内有苇荡，外有苇塘，滩涂集港汊、河沟、湖沼、陆地等为一体，每种鸟类都能找寻到属于自己的生态位。在湖中，多有鸭类、鹭类拨水浮潜；湖边，则是天鹅们成双入对；靠岸的浅水中，鹳类、鹤类伫立水上。草泽上，野鸡穿梭其中，而雀类、鸠鸽类、杜鹃类，则活跃于更外围的草坡、农田、树林之中。

3．争相斗艳：百种珍禽齐相会

从贝加尔湖到高邮湖，有近60种、20万只迁徙鸟类不远万里，来此栖居。从东南亚到高邮湖，也有41种鸟类来往奔徙，其间同样是万里征途。目前，高邮湖湿地鸟类共有76属，近200种（表10），以野鸭、雁类最多，约有8万只；骨顶鸡、灰鹤次之，约3万只，湿地内甚至一度呈现过“万鸟翔集、鹤舞鸥鸣”的壮丽奇观。

表10　高邮湖湿地鸟类

序号	类别	数量	代表鸟类
1	留鸟 夏候鸟	98种	小鸊、池鹭、珠颈斑鸠、火斑鸠、四声杜鹃、大杜鹃、家燕、虎纹伯劳、黑枕黄鹂、黑卷尾、灰喜鹊、大山雀
2	旅鸟 冬候鸟	96种	凤头鸊、白鹳、白琵鹭、大天鹅、赤麻鸭、绿翅鸭、白眉地鸫、虎斑地鸫、茅斑蝗莺

这些鸟儿千姿百态、身份各异，若按生态分布划分，则有森林灌丛环境鸟类、湿地水鸟类、农田鸟类和居民点鸟类4大类。若按照生态类群划分，则包含陆禽、游禽、鸣禽、猛禽、攀禽和涉禽6大类。它们有的孑然高傲，有的雍容华贵，有的斑斓多彩，有的灵巧跳脱，或是旅经此地，或是留居此处，或是来此繁殖。各大鸟族，群艳荟萃，各绽芳华；各色鸟类，争相斗艳，尽态极妍。

鸨类·大鸨：大个儿中的“奔跑健将” 大鸨为国家一级保护的珍禽，是高邮湖湿地最为珍贵的鸟类之一。每年10月中旬，有500～700只的大鸨从我国东北、内蒙古以及俄罗斯一带，跋水数千里，来高邮湿地栖息越冬。大鸨体大、头长、嘴短，双翅又大又圆，翅长超过400毫米，身披褐羽，尾悬蓝绫，腹下则是一片灰白，色彩搭配，令人印象深刻。

“奔跑健将”大鸨（高邮市政府/提供）

在高邮湖湿地鸟类族群中，大鸨的真正独特之处在于它们的“陆禽”身份。湿地水鸟居多，高邮湖亦不例外，大鸨作为陆禽一类，数量自然很少，其居住环境、饮食习惯等亦有别于湿地水鸟。它们一般栖居于高邮湖湿地内的草坡、农田、丛林地带，草类、甲虫、蝗虫、毛虫等，都是它们喜爱的美食。更重要的是，这里一般地势平坦、地形开阔，十分利于奔跑。或许因其体重较大、个头较高，所以大鸨展翅奔跑前，需小跑几步，此时头部高抬、短嘴前伸、脖颈上斜，样子十分有趣。

鹳类·白琵鹭：湿地中的长喙雪客 白琵鹭为国家二级重点保护动物，与“白鹭”名称相似，但实际上两者同目不同科，白琵鹭为鹳形目鹮科，而白鹭则为鹳形目鹭科。在体态身姿上，白琵鹭与白鹭也十分神似，一支长喙，扁阔似琵琶，浑身白羽，似披雪戴玉，所以收获了“雪客”的雅称。白琵鹭常栖息于高邮湖湿地内沼区、河滩、苇塘，喜筑巢于近水高树上或芦苇丛中，每窝产卵3～4枚。

白琵鹭作为典型的涉禽，最能彰显它风采的，还是在它立于水波之上的时候。在白水绿苇的映衬下，它有亭亭玉立之姿、飘逸俊秀之貌，一饮一啄之间，嘴边便多了一条白鱼或一簇水草；加之白琵鹭多成群活动，数只“雪客”于水面上呈“一”字排开，极有气势。似乎正是因为这份底气，白琵鹭才比一般鸟禽多了一份淡定从容。所以温庭筠有诗曰：“数丛沙草群鸥散，万顷江田一鹭飞。”

天鹅类·大天鹅：出双入对的凌波仙子 大天鹅为国家二级重点保护动物，是高邮湖湿地内的珍稀游禽。其体型较大，浑身白羽，洁白如雪，不染一丝尘埃，唯头稍沾棕黄色，身姿绰约、仪态优雅，堪称是鸟中仙子。大天鹅迁飞时一般以小群或家族群为单位（6～20只），它们拥有最坚实的翅膀，能飞越世界屋脊珠穆朗玛峰，是世界上飞得最高的鸟类之一，唯有兀鹫能与之匹敌。

每逢11月中旬以后，大天鹅就成群结队地来高邮湖越冬繁衍，它们对筑巢的地点要求很高，大多在孤洲边、或是距离高邮湖岸边较远的浅水中，水流要求平缓、水位必须稳定，周围不仅要长有高茎沼生植物，还要有大片的明水区。高邮湖水面是大天鹅极喜欢的区域，它们善于游泳（但不善潜水），缓慢从容，姿态优美（颈向上伸直，与水面成垂直姿势）。更令人称羡的是，大天鹅浮游于湖面时一般成双成对，两只大天鹅耳鬓厮磨、偎依嬉戏，从来都是形影不离。这种“秀恩爱”的本事常令古人为之动容，在古人眼中，雌雄天鹅之间情意绵绵、两不相弃，人类都难以做到，故有古人诗曰：

“凌波仙子”大天鹅（高邮湖芦苇荡湿地公园/提供）

逢罗复逢缴，雌雄一旦分。
哀声流海曲，孤叫出江濆。
岂不慕前侣，为尔不及群。
步步一零泪，千里犹待君。

鸭类·绿头鸭：高邮湖湿地兽禽的代表　高邮湖湿地以鸭类为最，鸭中又以绿头鸭居多。绿头鸭即当地人口中的“野鸭”“大麻鸭”，在过去又常称为“野鹜”“沉鹜”。绿头鸭是我国家鸭的祖先，早在战国时期就已经开始驯化和饲养，战国古籍《尸子》中就有“野鸭为凫，家鸭为鹜”的记载，其形体也与家鸭相似，头和颈部有绿色的金属光泽，颈部有一白色颈圈，十分明显。

绿头鸭虽不如大鸨珍稀，亦不如大天鹅优雅，但若论高邮湖湿地中最具代表性的鸟类，乃至整个动物群体，非绿头鸭不可。它们是湿地历史最久、数量最多（现已大大减少）的“原住民”，与当地乡民相处几千年，关系甚是密切。高邮人对鸭非同一般的钟情喜爱，就是从绿头鸭开始的。湿地内“野鸭齐飞”的奇景堪称一绝，曾被中央电视台、美国华语台先后报道过。“秦邮十大名菜”中，有两道就是以野鸭（绿头鸭）为主材，分别是“霞蔚凤仙——钗烧野鸭”和“天长地久——砂锅天地鸭”，前者钗烧制成，骨脆肉酥；后者与家鸭做成砂锅，秀野交织。

地久天长——沙锅天地鸭

原料

调料

做法

69

砂锅天地鸭（高邮市政府／提供）

金宝大发——香酥麻鸭

原料

调料

做法

70

钗烧野鸭（高邮市政府／提供）

鹤类·灰鹤：湿地内的灰衣天使　灰鹤为国家二级重点保护野生动物，是高邮湖湿地“涉禽”类的典型代表，身形高挑、体魄修长，长100～110厘米，站高约115厘米。一身灰羽、头顶朱红是灰鹤的独特标识。与天鹅相比，其虽少了几分圣洁和高雅，但也多了些许灵动与潇洒。

湿地内的灰鹤多生活在苇塘与草泽之间，食谱清淡，以植物为主。或许因多了草丛的掩映和绿意的遮蔽，灰鹤在求偶方面颇为“随性恣意”，雄鹤会在中意的异性面前夸张地高抬腿行走，等待雌

鹤回应，如若雌鹤长鸣一声，那么雄鹤就会以几声短音回应，互相情投意合后，就会在枯草或芦苇丛中构筑“爱巢”。

鸡类·骨顶鸡：与鸭为伍的杂食家 在高邮湖湿地中，骨顶鸡为优势物种之一，数量十分庞大，仅次于鸭雁类，当地人常称其为“野鸡”或“白骨顶”。其中白骨顶之名，源于其头顶前额到整张嘴有一块大形白色角质额板，此外，其翅膀上也有一道狭窄的白色后缘。

白骨顶虽为“野鸡”一族，但并没有身为野鸡的“觉悟”，它们喜欢与野鸭混合成群，真正诠释了什么叫“鸡同鸭讲”，而且习性也颇像野鸭，善于游泳和潜水，整天于水上浮游，不恋岸边。

少有人知的是，骨顶鸡还是杂食性动物，口腹覆盖面极广，包括小鱼、虾、水生昆虫，水生植物嫩叶、幼芽、果实以及蔷薇果等各种灌木浆果与种子，眼子菜、看麦娘，水棉、轮藻、黑藻、丝藻、茨藻与小茨藻等藻类，还有无脊椎动物、软体动物、陆地昆虫及其幼虫、蜘蛛、马陆、蠕虫类、甲壳类等。

䴙䴘类·小䴙䴘：喜游善潜的“水葫芦” 小䴙䴘是高邮湖湿地较为常见的留鸟，当地人常简称为“小䴙”。全世界共有22种䴙䴘，以小䴙䴘体型最小。由于其身体短而圆，状若一个葫芦，所以又被称作“水葫芦”。通常情况下，小䴙䴘上着黑褐色，下着白色，但随着季节更替，它们也会变换着装，这也算是小䴙䴘的“专属技能”。在夏季，其背部羽毛呈黑褐色，面颊、脖子两侧和喉咙部分栗红色，胸部和腹部为淡褐色；而到了冬季，则变成背部褐色，喉咙部分白色，面颊、脖子两侧，为淡黄褐色。

小䴙䴘是典型的游禽，它们栖息于高邮湖湿地水域较多的地方，诸如湖泊、河道、沼泽等，喜欢终日浮游于水面。虽然它们大多身材短肥，看似不善运动，无法飞翔，但却善于游泳，游速很快；还善于潜水，能在水下很长时间，且以水下生物，如水生昆虫及其幼虫、鱼、虾等为食。

小鸊鷉对水的喜爱达到极致，连自己的窝巢都不愿远离水域，而是筑在湖上的芦苇荡中。窝巢呈上窄下宽、圆台形状，浮于水面、随水浮动，俗称“浮巢”。如若看到湖上漂浮着一个草堆，那多半就是小鸊鷉的窝巢了，因为每当离巢时，小鸊鷉就会以水草、芦苇叶覆盖巢上，不仔细看的话，真与草堆别无二致。更有意思的是，当小鸊鷉发现危险来临时，便会驮着自己的窝巢，或者把自己的蛋卵夹在翅下，朝深水区域快速游去。

鸠鸽类·珠颈斑鸠：温驯胆怯的独居者　如果你生在南方，你可能未必听说过珠颈斑鸠之名，但你应该见过，因为它是南方广大地区最为常见的一种野生鸽形鸟类，俗称“野鸽子”。珠颈斑鸠头呈鸽灰色，上体以褐色为主，下体呈现粉红色，其最显著的标记在于后颈有一块宽阔的黑色，其上布满细小斑点形成的领斑，十分醒目独特。由于这块领斑处于颈脖后，所以它便有“花脖斑鸠”的别名；乍眼一瞧，又宛如颈部挂满粒粒黑珍珠，因此又有“珍珠鸠”的美名；远处观之，又觉得像是颈部上挂着一副斑点黑甲，有人又干脆称其为“斑甲”。

等待（高邮市政府／提供）

珠颈斑鸠可能是与湿地乡民关系最近的鸟类了，它们分布区域很广，常栖息在平原、草地、低山丘陵、稻田、树林等，就连农庄附近的杂木林、竹林、院墙上、门前树上、电线杆上，都有它们的倩影，不过由于珠颈斑鸠不喜群居，所以人们所能见到的珠颈斑鸠，大多都是单独栖于树梢上，最多也就三两只一起，而且还是分散栖于相邻的枝头。珠颈斑鸠虽然个头不算小（中型鸟类），但性情温驯胆怯，易受人类惊扰，一旦有人临近，就立即急速分走，飞行时两翅闪动，鸣声响亮。

（四）自然之“肾”

作为与森林、海洋并称的“地球三大生态系统”之一的湿地，被形象地喻为“地球之肾”。将两者对比发现确实颇有异曲同工之处。中医认为：肾主水，而水亦是湿地的命脉与灵魂。从原隰衍沃，到沮洳湖沼，再到水乡泽国，湿地面貌纵有千变，但水之烙印却丝毫未有淡却。更重要的是，肾脏之于人体，有新陈代谢、清污除废、排毒养颜之功能；而湿地之于自然，同样有消污纳垢、吸毒解毒、净流涤源之效用。高邮湖湿地作为一方巨浸，汇四方川流、贮万顷绿水，自然就能纳滚滚浊物，解汹汹毒质。

1．清波缓流，消污纳垢

高邮湖湖阔波平，湖纳百川，即使是最暴烈喧闹的大水，一入大湖的胸怀里，便会息事止喧。水流减缓，水速渐弛，水中略显“笨重”的固体悬浮物只能停下脚步，沉降于湖中，其所夹带的氮、磷、有机质、重金属，甚至有毒物质等“私货”，就被迫滞留在湖中，安守在湖底或草丛中，等着被清理、消解、或转化。

湖中或高挑，或攒生的水生植物们，是尽职严格的“检察官”。它们形态各异，但都具备“火眼金睛”，一些物质属不属于水中的“违禁品”一眼就被识破，然后植物们再用自己的身体（茎、叶等）阻挡悬浮物颗粒通过，通过吸附和截留的方式，将悬浮物颗粒囚禁在自己的身体里。之后，等待这些“囚徒”的便是被降解、转化或转移。

从高邮湖上源到下游，悬浮物颗粒寸寸沉降、层层截留，浊水逐渐涤清，清水开始泛漪。污水湖中过，清波湖中出，高邮湖将浑浊污秽留给了自己，将洁净纯美留给了当地、周边乃至更远的地方。

至于那些滞留湖中的颗粒物质，当然不会凭空消失。在湖中，它们会经历一系列复杂的化学与生物作用，小部分会变害为利，成为土壤与植物的养分；有的会“弃恶从良”，成为湿地里普通的物质组成；还有的会被“终身监禁”，直到在时间的帮助下，以产品的形式从湿地中“驱除”出去。

安全降落（高邮市政府/提供）

2.“吸毒解毒，驱毒排毒”

在擅入高邮湖湿地的那些破坏分子中，以夹带重金属的污染物破坏性最强，也最为顽固。这些重金属物质具毒性，沉降它们仅是一种滞留手段，它们滞留在湖中，散发毒性，危害湿地，打不死嚼不烂，如同市面上的“混不吝”，很难被消除。

面对毒物时，水生植物群落便化身为抗击毒物的先锋战士。它们专攻重金属，对重金属的吸附能力十分强。通过检测可知，高邮湖湿地中的许多水生植物组织中富集的重金属浓度，要比周围水中的重金属浓度高出10万倍以上。毒物被吸至水生植物中，水体得到净化、水质得到提升，水生植物的这一“吸毒”功能，对于湖水来说就是一种“解毒”手段。

而对于高邮湖湿地的水生植物来说，第二步才是真正的“解毒”。许多植物体中含有能与重金属螯合的物质，它们可以做到吸收、转化重金属，从而达到解毒的效果。当然，这是水生植物中的“佼佼者”才能具备的技能，不少植物本身并不能解毒，但擅长“驱毒”，它们将毒物驱至根系，联合深土厌氧环境里的细菌来对付（分解转化）毒物。更多的植物则是将毒素储存在体内，等待“排毒”。它们往往终身与毒相伴，直到当地人类将其采摘，毒物方随之排出高邮湖湿地。

在高邮湖湿地内庞杂错落的植物群落中，拔水俏立的芦苇堪称是解毒净水的标杆。试验证明，它们对铝、锰的净化能力超过95%，对铁的净化能力超过90%，对铅的净化能力也超过了80%，而对铍的净化能力更是达到了100%。香蒲和凤眼莲则是对付石油废水的“尖刀”，去除有机污染物达95%以上。慈姑则主攻城市污水，BOD去除率可达80%以上。

解毒高手——芦苇（高邮市政府/提供）

3．固着营养，润土滤水

无论是入湖的工业废水，还是生活污水，其中皆含营养物质，农业生产中更易过量施肥，多余营养便会随水入湖。这些外来营养物，对湖泊而言既是甘醴，又是糟粕。

同其他元素物质相似，不少营养物入湖涉水不久，就会随沉积物沉降物滞留湿地，亦有不少营养物受水生植物的“魅惑”，被吸附于植物体表，再吸入其体内。据试验测算，高邮湖湿地内每公顷凤眼莲每年可吸收氮1 989千克，磷322千克，钾2 188千克；每公顷香蒲每年可吸收氮2 630千克，磷403千克，钾4 570千克。

正是基于这套强大的“土壤—植物—微生物”系统，及其背后一系列截留、过滤、离子交换、络合反应等作用，高邮湖湿地对每年入湖营养物的截留量堪称巨大。以2009年统计数据为例，当年进入高邮湖的总氮、总磷量分别为7 584吨和399.2吨，出湖的总氮、总磷量分别为2 487吨和222.4吨，高邮湖对总氮、总磷的截留量分别为5 097吨和176.8吨，超过67%的氮与约44%的磷被高邮湖收容吸纳。

对于高邮湖湿地来说，适量的营养物是适宜的、有益的，土壤受其滋润而肥沃膏腴，植物受其滋养而枝繁叶茂。但现实却是，每年入湖的营养物越来越逼近湿地的自净极限，高邮湖已不堪承受，目前高邮湖的水质已有轻微富营养化趋势。

三 立体画卷：高邮湖泊湿地的自然与农业景观

高邮湖湿地，八分水二分地，水灵动飘逸，土厚重温润，水土相间，自是芳华玉色、姿态万千。湖面浩瀚无涯，万顷碧波、壮美秀丽，风雨交替时气象万千，夜幕挂月时缠绵静谧，乃一派典型的大湖风光。滩涂缤纷多样，洲、草、鸟、兽和谐共融，可谓一步一景。湖滨生荡，荡中鸟啭莺啼；荡边有塘，塘里接天莲叶；塘靠禾田，田下浮鸭戏鱼。随着四时变换与水位涨落，滩涂还会变换不同的妆容。如果你来到这里，一定来不及回味和品评，只能沉醉在一幅幅立体的画卷里。

（一）徜徉湖面，畅览烟波壮美的湖天一色

高邮湖水面积达780千米²，湖面渺渺、湖水悠悠，壮美秀丽是它的肌骨，气象万千是它的性情，而渔歌唱晚则是它的睡容。徜徉湖面，不仅有湖天一色、西湖雪浪的大湖风光，亦有鱼跃鸥飞、鸭浮鹭鸣的闲情画卷，还有露筋晓月、甓社珠光的静谧晚景，所以在"秦邮八景"之中，仅高邮湖面上就占据了四景。

1. 水天相连　碧波万顷

从北宋词宗秦观口中的"累累相连如贯珠"，到清代文豪蒲松龄（1640—1715年）笔下的"苍茫云水三千里"，高邮湖历千年风雨、经数代更迭，唯壮美秀丽不改。湖面烟波浩渺、碧水万顷，只要身处湖区，自会深切地感受到一派磅礴的大湖气象。

波平如仙境（高邮市政府/提供）

漫步湖岸，若停足赏湖，只见水清质澄，宛如绿镜。水面汀花萍草，水下鱼逐青荇。目光随水而动，视野放宽，青天澹无云、白水平无波。风吹湖皱，便会波光粼粼，如耿耿银河泻流到远方。极目远眺，天阔云低，依稀可见鸥白雁灰、帆影点点。目力所及之处，则是碧天如幕、水天一色。此时天地一线无痕，天连水，水接天。

若泛舟湖上，高邮湖的壮美奇秀更能直达胸臆。湖心茭葑水四周、湖面连天不见堤。在这四面环水的环境里，任谁都会感叹自然的伟力与人类的渺小。阳光照耀下，风拂脸额，顿感神清气爽，一身郁气随风而散。正如苏轼诗言："过淮风气清，一洗尘埃容。"再驱舟逐水，鱼逐船尾、鸟随船头，碧波荡漾之间，既能见青鱼飞跃、白鸥行空的原生图画，也能见网桩点点、麻鸭穿浮的农业图景，这是自然刀工与人类妙笔的无缝结合。

船若行得快些，还能追上几艘正在网鱼撒鳖的渔船，渔民多是黑面油颊、绿笠青蓑。过去家家渔船都是篷帆，以风为动力，现如今则几乎清一色的柴油机船。不过再快的船头，也难以抵达碧湖的苍穹。尽头的一线天之间，往往是白雾茫茫、青烟漠漠，其中似有隐隐树

漫步湖岸（高邮市政府／提供）

影，又似现层层碧瓦，不知是湖岸的村庄，抑或是湖中的秘境，令人不禁神往，唯有嗷嗷征雁的清音，才能打破此时的寂静。

深藏壮美秀色，控扼南北要冲，高邮湖的湖光水色自古就令不少旅人墨客倾倒折腰。从隋唐时期开始，湖上船客就已往来不绝，他们或停船赏湖、或泊船夜宿，湖上传颂的美妙传说、孕育的美味湖鲜，更为大湖风光增添了韵味和雅趣。因景生情、由情发文，文人唱诗、墨客赞词，自此，美文与美景之间建起了剪不断的羁绊。诗文传颂万里，高邮湖“湖阔水美”的声名也随之流传四方，跨千年而不衰。

高邮湖泊湿地农业系统诗词欣赏

隋唐五代·刘商《高邮送弟遇北游》

北临楚国舟船路，易见行人易别离。今日送君心最恨，孤帆水下又风吹。

北宋·沈遘《和中甫新开湖》

渺渺清波百里浮，昔游曾是一扁舟。十年人事都如梦，犹识湖边旧客邮。

南宋·杨万里《过新开湖五首（其一）》

一鸥得得隔湖来，瞥见鱼儿眼顿开。只为水深难立脚，翩然飞下却飞回。

元·傅若金《秦邮》

缥缈平湖白，微茫远树青。田分高下水，道俯短长亭。鹅鸭烟中乱，鱼虾雨里腥。秦邮看渐近，城郭记曾经。

明·王磐《珠湖吊古》

昔年湖上有神扬，夜夜流光照百川。一宵风雨不复见，千载江淮空惘然。书社沉沦烟水外，神灯寂寞古祠前。惟余亭畔三更月，犹照沙头万里船。

清·蒲松龄《早过秦邮》

茅店鸡声早，片帆夜渡时。云低隔树断，雾湿压篷垂。恨别江淹赋，离骚宋玉悲。高城闻画角，乱傍晓风吹。

2. 四时更替，气象万千

春和景明日，高邮湖自然是风匀湖平，满眼绿水萍花，百里湖光秀色。但四时终有更替，世事亦有变幻，在风、雨、光、浪的交替作用下，高邮湖也随之变换不同的姿态。

大风吹涛　西湖雪浪　自古大湖孕大风，纵横百里的高邮湖更是如此。湖上风寒骤起，暗潮生渚，逆浪流澌，有气吞山河之象。南宋地理学家朱思本（1273—1333年）诗云："长湖三日波涛恶，孤馆五更风雨寒。"每次阻风，湖上行船便寸寸涩行，船如青蝶舞，舟如残叶飘，所以才有诗人发出"信有人生行路难"的愁叹。

不过大风吹涛，既可覆舟阻客，也可构图绘景，著名的"秦邮八景"之一的"西湖雪浪"即是由此生成。风高浪急，大片波涛乘风而起，惊涛涌雪山，湿浪溅银雨。湖风越高，浪涛便越急。从远处观之，宛如雪浪滔滔、雪花四溅，仿佛置身于一个堆银叠雪的世界之中。且看明代诗人胡俨（1360—1443年）《盂城八景》诗云：

淮南十里春风颠，西湖之水波连天。
银山高拥雪花碎，商帆尽落眼望穿。
我昔游吴到东海，湖头壁立烟霏洒。
衰年投老住江村，钓船稳坐忘惊骇。

再看明代诗人张旭《高邮湖遇大风》诗云：

百里湖光一镜开，西风吹浪拥山来。
半空晴洒三冬雪，平底俄惊六月雷。
击楫祖生真慷慨，赋诗唐介亦奇瑰。
生平心事知何愧，且放吟怀入酒杯。

虽然胡俨有言，风拍雪浪致他“坐忘惊骇”，但如此奇景，似乎常人难有兴致和胆量观赏，因而也有人诠释了另一番“西湖雪浪”的景象：

傍晚之时，太阳西斜，渔舟归途。天边的帆影渐渐真切，船桨和船樯击起阵阵浪花。在夕阳的余晖下，湖浪似片片雪花飞舞。两种图景，同享一名，却姿态甚异，前者气势磅礴，有“豪放”之态；后者闲情雅趣，有“婉约”之姿。孰是孰非，任君定论。

西湖雪浪（张云奇／摄）

风云瞬变　游龙戏水　高邮乃至周边地区的气候受高邮湖影响极大。泱泱大湖、藏风聚水，朝晖夕阴、瞬息万变。特别是在盛夏时节，时烁玉流金，时又暑雨祁寒，风雨交汇之间，便诞生了“龙吸水”的奇景。

据记载，在风云交集、龙跃大湖之前，起初天气闷热，如置蒸炉，突然狂风大作，湖面浪涛汹涌，随后一条巨大水柱拔湖而起，直插云端。水柱长达千米，湖泥浑水，宛如一条昂首的黑龙，欲撕裂青天。天边云团盘旋环绕，沙尘、石头、草木席卷其中，随风荡舞，似是龙角若隐若现。湖上水雾蒸腾，状若龙尾搅动。黑龙驾水，临湖游荡，十分震撼。据测，蛟龙吸水时，高邮湖的水位下降有几厘米。一般持续10～15分钟后，水柱消失，瓢泼大雨降临。当地乡民传言，这是黑龙乘云离去之前，口吐龙涎恩润一方百姓。

高邮湖“游龙戏水”奇景的形成需要特定的地理、气候等自然条件，所以并不多见，存于史载的仅有几回。最近一次是在2017年7月30日，而最早记载，则是在北宋神宗熙宁九年（1076年）。时高邮

鸥逐轻舟（萧亚飞／摄）

乡贤、孙觉之弟孙诚之赴任北海尉，秦观于高邮湖边为其送行，碰巧看到了黑龙戏水的盛景。他认为这是苍龙特意现世，为孙诚之助行，其诗《新开湖送孙诚之有龙见于东北因成绝句》有云：

狂客走影暗悠悠，菡萏吹风五月秋。
黄绶不为无气概，苍龙垂尾送行舟。

秋水晴空　湖上蜃景　高邮湖的“湖上蜃景”与“游龙戏水”并称为“珠湖双奇”，不过湖上蜃景所展现的画卷更加鲜活瑰丽，可能更具魅力。夏暑过后，秋水微茫，或许只需一场秋雨的洗涤，雨后天晴的高邮湖上空就会映现海市蜃楼，或是连绵起伏的群山，或是阡陌纵横的田野，抑或是鳞次栉比、熙熙攘攘的街道。这些景象若隐若现、朦胧渺渺，但又无比真切鲜活，甚至街上的青石黑瓦、漫天招幌都能依稀看清。

与“游龙戏水”类似，历史上高邮湖显现海市蜃楼的次数亦十分稀少。据《高邮州志》记载，清代大约只出现4次。清代学者钱泳（1759—1844年）曾在《履园丛话》中有详细记载：

高邮州西门外尝有湖市，见者甚多。按高邮湖本宋承州城陷而为湖者，即如泗州旧城亦为洪泽湖矣，近湖人亦见有城郭楼台、人马往来之状。因悟蓬莱之海市，又安知非上古之楼台城郭乎？则所现者，盖其精气云。时亦有诗传：

人心不古陈州郡，缸倒高邮水化湖。
海市蜃楼终是幻，日双同照水乡图。

不过到20世纪50、60年代时，高邮湖蜃景倒是经常出现。最近一次是在1995年8月9日。当天上午9时，一阵暴雨泻后，湖面上空，隐约出现了一条巍巍长堤，堤上烟雾缭绕，堤边树影丛丛，丛中似有鸟莺啼啭。之后景象逐渐清晰，堤上汽车穿梭，一派车水马

古人眼中的“海市蜃楼”

在当代社会，大部分人都知晓海市蜃楼是一种大气光线折射现象，但在科技尚不发达的古代，人们是怎么样看待海市蜃楼这一奇妙的现象呢?

蛟蜃吐气说 即认为蛟龙吐气形成了楼台。西晋张华《博物志》载:“海中有蜃，能吐气成楼台。”但到了宋代，此说法被苏轼和沈括加以批判，所以后世逐渐放弃了这一说法。

沉物再现说 即认为某些城池、物体沉沦于地下或海中，没有散开，一旦遇到合适条件，它们还会在原地显现出旧时风貌来。明代郎瑛是此观点的主要代表者，他提出:“春夏之时，地气发生。”本文所提及的清代钱泳，也是此说法的拥趸。

风气凝结说 即认为海市蜃楼是自然的风和海上的气凝结而成。例如:明代徐应秋《玉芝堂谈荟》载:“海市，海气所结。非蜃气。”叶盛《水东日记》也说:“海市惟春三月微微吹东南风时为盛。……大率风水气旋而成。”

光气映射说 即认为海市蜃楼是大气与日光映射所致。且看明代王士性《广志绎》载曰:“近看则无，止是霞光;远看乃有，真成市肆。”

总体来看，光气映射说将海市蜃楼与大自然的光、气联系了起来，虽无法准确阐释其原理，但已然比其他四种说法要进步得多。

龙之相，堤旁还显现有城市轮廓，楼房、街道、亭台等，甚至还有两个高耸的烟囱，其中一个青烟滚滚，游人皆啧啧称奇。

3. 霞鹭齐飞　渔舟唱晚

每至黄昏入暮，大气磅礴的高邮湖便会换上淑婉恬静的妆容。西沉的太阳，抹着微醺的胭脂，天边的晚霞，似是丹红的绸缎，而余晖

洒在湖上，湖面波光粼粼、潋滟潋滟。天水相连之间，渔舟演漾而归，舟中肥鳜鲜美，舟离夕阳越来越远，却离岸浦越来越近。桨板击水浪鸣，和着爽朗而悠远的渔歌，惊起白鹭振翅齐飞。如若运气稍好，还能目睹芦苇丛中，忽地钻飞出一排野鸭，融入晚霞天幕之中，当真一幅“落霞与孤鹜齐飞，秋水共长天一色”的诗情画卷。

霞鹭齐飞的高邮湖黄昏（高邮市政府／提供）

待明月悬空，便是赏湖的另一佳时。此时霁月清风，黑水涟漪。上有皓月，下有水月。水边蛙鸣虫啁，深浦灯烛点点，映着船头袅娜的烟火，一片祥和安宁。有时，舟中传来悠悠渔歌，缠绵婉转，似是安抚大湖入睡的催眠曲。偶有雁阵惊寒，声断于静谧的夜色之中。若是秋风乍起，芦荻飘絮，湖畔就会增添星星点点的明灯，专供诱蟹之用。目睹高邮湖大闸蟹张牙舞爪、横行上簖，也别有一番乐趣。

不过古人泊船赏湖，更多地恐怕是为目睹那“秦邮八景”之一的“甓社珠光”。从北宋年间，就已有传闻：高邮湖中孕育一硕大神珠，珠如牛车轮盘大小。天晦暗之时，大珠便会现世，珠发白光，如银如洗，似初日照天，周遭十余里内的树木都能隐约可见。更神奇的是，蠙珠隐现不仅罕见，还能使人祥瑞临身，若有学子有幸目睹珠光，便会考运亨通，最著名的就是北宋名士孙觉夜遇珠光而荣登科榜的奇闻佳谈（见第一章）。在奇景与祥瑞的双重吸引下，后人争相前往高邮湖，系舟数日，以待甓社珠光。不过在今人看来，即使没有神奇珠光的加持，仍可于高邮湖中夜宿一晚，在悠悠渔歌的催眠下，安详入睡，任由清梦于浪间漂浮。

（二）穿梭滩涂，阅尽林静鸟谈的动植物天堂

高邮湖湿地滩涂与高邮湖水面相接，面积超100千米^2，虽不及高邮湖水面浩渺无涯，但也称得上广袤百里，而且滩涂面貌多样，集港汊、河沟、湖沼、陆地等为一体；景观立体，草、木、花、鸟、禽、兽等和谐共融。穿梭滩涂，可谓一步一景，有湖荡汊里的鸟啭莺啼，稻浪翻滚下的浮鸭戏鱼，有淙淙春雨中的万绦烟柳，还有春水生、秋飘白的万亩芦苇迷宫。在这个水乡泽国里，“水清鱼读荷，林静鸟谈天”的野趣随处可见。

1. 湖荡港汊，岸芷汀兰鸟莺啭

滩涂西缘，多与大湖接壤。湖滨岸线消落，水润土，土出水，水土交融，湖荡迭生。荡中茭葑绿茵、郁郁青青。适水而生的植物中，大多为细翠修长的芦苇，有些湖荡还杂生许多清浅的菰蒲。芦苇抽着芦花，菰蒲披着绿鞘，伫水而立，婀娜丛生。风生波动，芦苇迎风

摇曳，翠涛翻腾；潮水生渚，水满蒹葭浦，宛如绿洋，难怪曾多次惠临高邮湿地的施耐庵会在《水浒传》中说道：“只见茫茫荡荡，尽是芦苇蒹葭。”

不管是菰蒲深处，还是芦苇丛中，大多是一方鸟啭莺啼的景象。只见池鹭攀抓着露出水面的树根，寻觅水中的鱼蛙；“大长腿”仙鹤们踩着浅水，探首啄食、张弛得体；白鹭扑打着苇丛蓄力飞天，惊得正自得浮游的小鷿们赶紧潜入水中；一两只胆大的黑枕黄鹂还会飞落停泊到岸浦的渔船上。对于渔民来说，停靠这里，茭葑为邻，鸥鹭为友，确实不失为一个整顿休憩的好地方。

船泊荡浦（高邮市政府/提供）

在滩涂腹地，高邮湖水以河、沟、渠、湖、沼、汊的形式输送到各个角落。千顷平畴上河网密布、港汊纵横，一条条河汊像发亮的带子在其中穿绕。稍微宽深的河滨河汊上，还能让小舟撑行，船头麻鸭成群、穿水潜伏。河滨汊边，草群十分多样，但仍以芦苇为主，伴生荻、飘拂草、东方香蒲、荆三棱、莲花及芡实等，常能见鸥鹭俯下、草蒲簌动的情景。

港汊之间，多有湖泊野塘。大小野塘，恰如粒粒珍珠嵌在滩涂上，最美的湖塘便是荷塘和菱塘。寻觅一湾荷塘，便能见到“接天莲叶无穷碧”的景象。塘中荷叶碧翠、菡萏香销。一阵微雨后，荷开艳蕊，只见点点雨珠挂叶裙，千朵红稠溢金塘。一阵清风后，荷花绿裙飘逸，宛若美人凌波含笑，阵阵清香扑鼻而来。塘水中的鱼虾也常受清香所吸引，要么口唼荷茎，要么露头吐沫。

野菱塘似乎要比荷塘多些，更不似荷花那般骄宠。塘中除菱外，还常伴有荇、蒲、藻等，所以有诗曰："野池水满连秋堤，菱花结实蒲叶齐。"菱花色白，与红荷相比，少了份娇艳，多了份纯朴。但高邮乡民却似乎更偏爱菱花，因为临近村庄，荷塘渐少，菱塘渐多。在高邮湖西南滨，有一处古镇就以"菱塘"为名，当地曾分布多达几百亩的菱塘。野菱、家菱连成一片，百亩清溪波动，片片菱叶萦波，甚是壮观。待入秋后，菱花谢、菱角结。更有诗曰：

风生绿叶聚，波动紫茎开。
含花复含实，正待佳人来。

高邮湖湿地的一枝清荷（刘海鹏/摄）

2. 稻浪翻滚，鱼虾穿浮鸭戏水

俗语说："深处种菱浅种稻"，稻作历来是高邮湖滩涂最重要的利用方式之一。滩涂湿地，土膏泉滋，十分适合种稻。待春水绿畴，便是农家插秧的最佳时机。不消数日，滩涂上便铺上层层碧毯，配

饰块块翠玉。

夏季水涨时，湿地乡民就开渠引水、浸彼稻田。只见外有沟水环绕，内有绿油漱流，稻禾青罗裙带、稻针排排刺水，很是养眼。一些鱼虾顺着水流滑入稻田，唼食草虫、不觉自肥；稻田深处，蛙鸣虫叫、此起彼伏，一派充满“希望”气息的田园风光。

稻禾抽穗、披洒金辉，是当地乡民最乐见的图景。秋雨过后，十里西畴，金装素裹。走近田边，繁茂的稻丛欲比人高，密集的垅亩插不进人隙。风吹稻甸，稻香阵阵袭人，稻浪泛起涟漪，涟漪扩散，又带动千亩田畴稻浪翻腾。从远处看，整个滩涂像是荡起了金色的波浪，蔚为壮观。

稻浪翻滚、稻花飘香的景象，就足够令人神往，再加入鸟兽生灵的笔墨，更为这幅静美的画卷增添灵动与生机。且看田秧浸绿、白鹭俏立；稻禾婆娑、凫雁藏田；还有田埂丛里的草兔，啄食稻粒的麻雀，等等。

不过最具生机和谐的场景莫过于稻田放鸭的时候。由于当地实行稻鸭共作模式，所以乡民会依据禾苗和麻鸭的生长阶段，定时将高邮麻鸭放于滩涂的水田里。漫漫稻浪之间，麻鸭们欢腾穿梭；绿

稻田间　鸭戏水（陈加晋/摄）

波春水中，麻鸭们上下浮潜。它们或在稻丛中扑腾双翅，摇摆身姿，或在河汊荷塘里荡波唼呷、昂首拨羽。这些麻羽雀姿的精灵，配上静谧安详的稻禾，一动一静，相得益彰。

3．淙淙春雨，淡淡邗沟杨柳烟

以滩涂东北犄角为起点，向北纵贯延伸，筑有一堤。此堤形如蜿蜒长龙，南北长约30千米，东西宽40～50米。堤左（西）即千里高邮湖，堤右（东）为京杭大运河，所以此堤既是湖堤，又是河堤，既阻湖潮，又保河运。堤上沿湖一侧（西侧），从南至北栽有数万杨柳。杨柳成行、万绦垂地，这就是“秦邮八景”中的第一景“邗沟烟柳”。

“邗沟烟柳”一名四字，每字皆颇有渊源，其中以“邗沟”二字来源最早、历史最久。早在公元前486年（春秋时期），吴王夫差为北上争霸，在邗城下开挖深沟通渠，引长江清流、北上汇入淮河，

烟雨迷蒙高邮湖（翟龙美／摄）

自此江淮连通，此沟即为“邗沟”。到隋朝大业年间（605—618年），隋炀帝杨广征发淮南民众十余万扩疏邗沟。相传他在邗沟两岸修筑御道，沿途绿柳夹道，柳林绵延三百余里，并赐柳树姓“杨”，遂称“杨柳”，享受与帝王同姓的殊荣。隋朝灭亡后，便有了“垂（隋）杨（炀）柳”之说。

从挖沟，到筑堤，再到植柳，看似既合情，又合理，但实际上，隋炀帝重修邗沟是真，筑堤、植柳皆不可信。宋代之前，古邗沟高邮段的大部以高邮湖水系为运道，即“以湖为河”，所以并未修堤，即使筑有堤坝，也应位于今堤的西面。史载，直到北宋景德三年（1006年），发运副使李溥见新开湖（今高邮湖的一部分）“水散漫、多风涛”，便运船载石、“积为长堤”，这才开始了高邮湖与运河修堤的历史。

不过，隋炀帝植柳事迹虽不可考，但烟柳秀色却是真。二月早春的清晨，淙淙春雨，清雨生烟，之后堤上雾霭缭绕、青烟袅袅。在一片薄雾轻烟之中，柳丝万条著地垂、杨花漫漫搅天飞。侧耳细听，仿佛还听见了柳林中黄莺的啼鸣、麻雀的喧嚣；凝神目视，似乎看到了柳荫下垂钓的老翁、倚柳相吻的恋人，还有河汊中停泊的渔舟。直到夕阳西下，雾仍未退去，堤上依旧如烟如雾，万千垂杨临风摇曳，如诗如画。

“邗沟烟柳”曾令不少先儒时贤驻足欣赏、赋诗吟咏，如清代诗人胡友梅（1850—1896年）《邗沟烟柳》诗曰：

春色满隋堤，烟浓望欲迷。
楼台浑不辨，只听晓莺啼。

不过其中最“大牌”的莫过于清代康熙皇帝。他在第四次（1703年）南巡时停泊高邮御码头，恰被“邗沟烟柳”景致所迷，欣喜舒心。在当地名士贾国维敬献了《万寿无疆诗》和《黄淮永奠诗》后，他兴致高涨，特意又当面回贾国维《河堤新柳》诗一首。贾国维不愧一方才俊，其诗生动自然、意境优雅。其诗曰：

官堤杨柳逢时发，半是黄匀半绿遮。
弱干未堪春系马，丛条且喜暮藏鸦。
鱼罾渡口沾微雨，茅屋溪门衬晚霞。
最是莺旗萦绕处，深秋摇曳有人家。

当真是好景配好诗、好诗应好景。康熙皇帝当即赏赐白银给贾国维，并令其随行进京。此后，贾国维一路春风得意，入进士、中探花，任翰林院编修、上书房行走。一次偶得的机遇，便得一世恩宠，“河堤新柳造才子”的事迹也成了当地代代相传的佳话。

从“老堤”到“西堤”：高邮湖东长堤的进化史

横卧高邮湖东的长堤在当地有个正式的名称，名曰：“西堤”。由于河湖共一堤，堤在河西，所以被叫做“西堤”，与大运河的“东堤”对应相称。不过此堤历史上曾多次改名，甚至连“东堤”这个本属对岸长堤的名字都叫过。

如正文所述，高邮湖在宋代之前为古邗沟运道的一部分，并未修堤。后来湖水漫涨、湖面扩大，尤其是于唐宋之际形成的“新开湖”逐渐漫过漕渠，导致河湖一体，后来才有了北宋李溥修堤的举动。此堤名叫“老堤”，修成后曾历多次修缮、增筑、延长，但一直是单堤。

直到明万历年间，高邮湖水系时常漫堤为灾，政府为保漕运，便在堤东开挖新运河，实行“河湖分离”。至此，高邮湖东畔便有了“东堤”和“西堤”之分。

中华人民共和国成立后，当地政府于1956年再在东堤的东面新开大运河，即今天的大运河，从而一度形成了“两河三堤”的局面。原运河成了运河故道，原东堤则成为了西堤。之后，明清运河故道逐渐淤废填充，旧西堤和旧东堤逐渐相连，两堤一河演变成了如今天所见、纵宽达四五十米的“西堤”要塞。

4. 万亩芦苇，白絮飘零野鸭飞

渺渺湿地、八水二田。水生万姝，而以芦苇为大宗。无论是在湖滨、河岸、溪边，还是在汊口、池沼、草泽里，芦苇都是族群最多、分布最广的水生植物。据统计，湿地湖滩上的植物群落中，90%芦苇单独成群，小部分伴生荻、飘拂草、莲花等植物。穿梭湖滩，青青苇丛、密密苇塘、茫茫苇荡，随处可见。

茫茫苇荡（高邮市政府/提供）

不过要论美学价值最高的芦苇胜地，当属在高邮湖东北岸湿地上占地80万米^{2}的芦苇荡（高邮市界首镇境内）。这里的芦苇荡不仅是全国最大的芦苇荡之一，株高丛密，占地大、分布广，而且星罗棋布、错落别致，形如一个巨大的芦苇迷宫。2017年，高邮湖芦苇荡荣获吉尼斯“面积最大的原生态水上芦苇迷宫”的称号。

高邮湖芦苇迷宫里虽没有艳丽的色彩，或新奇的野物，却有最纯粹的自然美和最质朴的野趣。春天芳草遍地，芦苇于浅水中滋生。春夏之交，芦苇青青、湖澄苇密，普通芦苇能长至3米多。遥望四野，万顷碧波、婀娜芦苇，芦苇摇曳、绿洋涌动，不时从苇丛中窜出一两只灵动的水鸟。

待萧瑟的秋风过后，高邮湖湿地不免有些落败，堤上柳疏、塘中荷枯，唯有芦苇荡里，丛丛芦苇依旧迎风招展，而且芦花流白、白絮纷飞，愣是在瑟风中营造出一个诗意唯美的世界。只听荡中渔民一声吆喝，数百只野鸭从芦苇林中呼唤而出，翔于空中翻飞舞蹈，又落于水中追逐觅食。此地“野鸭齐飞”的奇景堪称一绝，曾被中央电视台、美国华语电视台先后报道过。

而在万物归寂的寒冬里，湿润温暖的芦苇荡变成了候鸟迁徙的“驿站”。据观测，来此越冬繁衍的鸟类近60种，以野鸭、雁类最多，骨顶鸡、灰鹤等次之，甚至一度呈现过“万鸟翔集、鹤舞鸥鸣”的壮丽奇观。这是冬日的高邮湖湿地中最具生机的一处宝地，也是观鸟爱好者神往的胜地。

由于高邮湖芦苇迷宫的四周是犬牙交错的河港，所以“泛舟芦苇”无疑是最好的观赏方式。水面或辽阔、或狭长、或幽深、或曲折，为游人增添了不少追寻野趣、穿梭苇荡的乐趣。舟逐于澄澈的水上，也让游人与芦苇、与自然有了更亲近的接触，不仅随处可见水鸟翔集、鱼跃水面的场景，还能近距离观赏近在咫尺的芦苇丛，甚至能聆听到芦苇的呢喃絮语。此时，即使你是最挑剔的游人，也不免有回归自然、置身世外的感觉。所以说，江南秀色，豁然集于苇浪水波间。曾有游人留诗曰：浅水之中潮湿地，婀娜芦苇一丛丛。迎风摇曳多姿态，质朴无华野趣浓。目前，当地以高邮湖芦苇荡为核心区域，建起了一座“高邮湖芦苇荡湿地公园”。

高邮湖芦苇荡湿地公园的芦苇迷宫（高邮市政府/提供）

（三）水位涨落下的岛洲奇景

作为“八分水二分地”的高邮湖湿地，水无疑是整个湿地系统的核心要素。水位的涨落、水量的丰寡，直接决定着水面、水陆交错地带、高地这三大基本区域的占地比例和共融方式。而高邮湖自明清时期起，就一直是淮河入江水道的重要一部分，水位有涨有落，水期有丰有枯，水文有密有疏。基于季节性变幻的水位，高邮湖湿地上那些高低不一、起伏交错的岛洲们，便只得任凭水精灵的任意打扮，交替变换不同的妆容。

1．水润湿土，绿洲星罗棋布

春秋两季，高邮湖的水位维持在5米左右，此时的水土之间达到最完美的平衡状态。水面、水陆交错地带、高地，三大区域比例适当、和谐共生。只见大湖淼淼岸线、湖滩漫漫草洲，滩上虽然水道密布、水系繁多，河、湖、池、塘、沼、泽、荡、汊……几乎你能想到的载水区形态，都能在这里寻觅得到，但东流入滩的润水并未侵地过甚、喧宾夺主，滩涂的大部分区域仍是高于水面的黑色沃土，黑土上基本全覆盖一层厚厚的薹草，高地起伏、绵延四方，宛如水上的一个个绿洲。

油菜花掩映的滩涂绿洲（高邮市政府／提供）

若你有幸能从上空鸟瞰，那便是一次极致的视觉享受。一块块绿莹莹的绿洲，或相连、或间隔，星罗棋布地贴在大地上。各个绿洲大小不一、形态各异，有像圆凳的，有像高垛的；有的微如星点，有的大如车盖。这些绿洲的分界点，便是一处处的河湖池沼。白水绕洲，就像一条条洁白的玉带，包裹着一块块盈翠的美玉。

若再细看绿洲上的植被，某处滩地还镶嵌着一处金黄朝气的油菜花田，这样看来，整块绿洲又似乎更像一件青翠罗裙，裙上绣满银白色的丝带，裙边点缀一朵鹅黄的饰花，将此裙缩小至日常大小的话，定会受姑娘们的追捧珍视。若将视域再进一步扩宽至整个湖泊湿地系统，湖面波平浪静，宛如身着无瑕的白衫，而绿洲组成的滩涂，就恰如一方点点白绣的罗帕紧贴腰部，上着白衫，腰别罗帕，十分般配和谐。

可见，一座座普通的绿洲，在湖水的配合与映衬之下，显得多么灵动与富有意境！这种美，既有粉白黛绿的现实美感，又有恣意发挥的巧妙联想。现实的底色，加上想象力的涂料，共同构造了一幅奇特的绿洲图景。

2．水没湿地，座座小岛别亭

每至夏季汛期，高邮湖上游即开闸放水，滔滔湖水，浩荡南下，高邮湖水位顺势上升，尤其到8月后，水位最高能涨到9米。此时的瓢泼白浪，不再沿着湖滩绿洲下浅洼的纹理，顺流向东、浸润黑土，而是填壑荡地，一路漫流，大有潦原之势。从河滩沟坎，到池沼水塘，甚至低缓坡地和部分田垅，都被迫湮于水下。

以如此水势，如若水位再高，势必为灾，但在人力基于地貌、依托科学的调控下，每次洪流似乎都点到为止，仅淹没大部分原生滩涂，并不伤及禾苗。如此，曾经一方绿莹莹的滩涂，变为了一片白茫茫的浅湖，而星罗棋布的绿洲，则化为浮于水面的群岛。

在这个水天相接的世界里，岛屿们收起了曾经起伏与交织的灵动，沉默地伫立在水中。尽管四缘皆水，它们依然安定与稳重，想

伙伴（吴宇璇/摄）

来是因为头顶的一片绿、绿丛中的几株灌木、木梢上停憩的鸟、鸟翼旁的窝。在夕阳的霞霭下，岛屿、残树、灰鸟，三者静静地相互依靠，组成了温暖而略带悲情的画卷。正是这样类似的几个、或几十个、甚至上百个相隔稍远的小岛，支撑着高邮湖湿地上最后的一片土和最难得的一处生机。

水中的景物似乎也受到了感染，一向欢腾的鱼儿不再纵身水面；曾破土而出的薹草静静地躺在水底，仰望并渴望着有空气的世界；略微高些的灌木从水中探出冠顶，展现最后的绿意。慢慢地，陆生植物、湿生植物、甚至如芦苇、南荻等挺水植物，都悄无声息地化作了泥土的肥料，转而代之的，是眼子菜、黑藻等为主体的沉水植物群落和菱、荇菜、莼菜等为主体的浮水植物群落。

不过，池杉树们倒是依旧骄傲。它们那黝绿而略带斑驳的虬枝铁干，似乎扎根在水上，拔水而起，直插云天。一排排挺拔俊俏的水杉，树冠丰薮蔽天，树根虬结错杂，将湖面分隔成纵横交错的水网，形成独特的水上森林奇观。这不，灰鹭、白鹭们便被吸引而来，惬意地停在高耸的树梢上，还装模作样地审视着树下的众生。

遮天蔽日池杉林（高邮市政府/提供）

四 天人合一：『稻鸭鱼蟹』复合经营的技术精华

高邮湖湿地内的民众从事农业生产活动已有千年的历史。在长期生产实践活动中，当地民众积累了丰富的生产经验，形成了一套完整的传统农业生产经营的适应性技术。

高邮湿地内广阔的水域部分使养鱼很早就成了湖区人民的主业。当地民众以此为基础，逐渐将养鱼与养蟹结合，探索出了"鱼蟹生态混养"的农作方式，这样就可以充分利用水体空间和饵料生物，提高水产养殖的经济效益。而湿地港汊纵横、水网密布的特点，又为"稻鸭共作"提供了适宜的空间和环境。除此之外，高邮湖泊湿地农业系统中还包括"鱼鸭混养"模式，这种养殖模式与"稻鸭共作"相似，不仅促进了浮游生物生长，增加鱼类的天然食料，一定程度上还增加了水中溶氧密度，改善了水体环境。这样三种不同的生态模式有序结合，就组合成了高邮湖泊湿地农业系统所特有的"稻鸭鱼蟹"复合生态系统。

在"鱼蟹混养""稻鸭共作""鱼鸭混养"模式中，"鸭子"是三个生态系统的核心，它可旱可水的特性，将种植业、渔业和养殖业有机结合起来，形成了以鸭、稻、鱼、蟹结合为核心的复合农作方式。三个子系统紧密结合、互为补充，不可替代，生态效果和经济效益达成了完美的统一。这种复合农作方式，既是对农作物物性和食物链的高度理解，也是对高邮湖湿地水陆环境的合理利用。所以高邮湖湿地出产的稻米香浓诱人、口感爽滑；高邮湖大闸蟹和高邮鸭（食品）自古便是皇家贡品，也是"国家地理标志产品"；而高邮鸭生产的双黄鸭蛋更是天下一绝、食之珍品。以鸭、稻、鱼、蟹结合为核心的复合农作方式堪称是一个活态的农博馆。

（一）共生一体，稻鸭共作

"稻鸭共作"是利用水稻和鸭子之间的共同生长关系构建起来的一种立体种养复合生态系统，具有良好的社会、经济和生态效益。

在稻鸭共作系统中，利用鸭子的杂食性，捕食稻田内的杂草和害虫；同时利用鸭子不间断的活动来改善稻田生态环境，刺激水稻生长。这样，使现代水稻生产从主要依靠化肥、农药、除草剂转变为发挥水田综合生态功能，使现代规模集约养殖转为更符合鸭子生活习性的自然养殖，饲养出来的鸭子更符合消费者的要求，能同时生产出不施用化肥、农药、除草剂的优质大米以及优质鸭肉两种完全无公害的“绿色食品”。以田养鸭，以鸭促田，使鸭和水稻共栖生长，不仅大大提高了经济效益，还更加贴合可持续发展的理念。

稻田里的鸭精灵们（高邮市政府/提供）

1．生态高效的稻鸭共作技术

高邮湖湿地的稻鸭共作技术是以稻作水田区为作业中心，以高邮麻鸭的放田管理技术为核心的生态农业技术。具体来说，将出壳10天左右的雏鸭全天候放入稻田，利用鸭子旺盛的杂食性，吃掉稻田内的杂草和害虫；同时用鸭子不间断的活动刺激水稻生长，产生中耕浑水增氧的效果，促进养分物质循环，增强植株的抗性；同时以鸭的粪便作为肥料，在施足生物有机肥的基础上，水稻移栽后基本不追施无机化肥和农药。鸭子可为水稻除草、控虫、松土、供肥和提供刺激源，稻田为鸭提供充足的水、适量的食物以及劳作、栖息的场所。放鸭的另一最好时期是稻子收割后，这时候田中有大量遗谷；水田、中后期的草籽田和麦田也可以放鸭。放鸭期间，须注意避免鸭子践踏禾苗与啄食稻穗等情况的发生。

准备放田的高邮鸭（高邮市政府／提供）

2. 传统高产的稻作耕种知识

稻作文化，是人类社会赖以生存和发展的最为根本的文化形态之一。它的核心内涵是以稻的种植为手段，以为人们提供食粮为目的。作为一种人化自然的物质实践活动，人们通过稻作改造原生形态的自然地貌，开辟稻田以种稻。据相关资料记载，早在6 500多年前的新石器时期，高邮湖地区气候湿润温和，动植物资源丰富，有曲蚌、裂齿蚌、篮蚬、中国圆田螺、硬骨鱼纲、鲤鱼、青鱼等淡水产物，亦有麋鹿、獐等喜暖湿性气候的动物，湖区的先民主要从事渔猎活动，很可能已掌握了湿地栽培水稻技术。到了春秋时期，高邮湖湖区已经有了初具规模的开河建渠、铺路筑城和农业生产活动。据《水经注》记载：当时吴王夫差为北上争霸需要，开凿了流经高邮湖运道的邗沟，“自广陵北注樊良湖（又作樊梁湖），旧道东北出至博支、射阳二湖。”

秦始皇统一中国后构建了全国邮驿通信网，城市的发展、人口和生产资料的集聚，为高邮湖泊湿地农业的快速发展奠定了基础。唐朝时，作为高邮地区政治、经济中心的高邮湖区新开多个堤塘，有“高邮七陂（塘）”之说。陂塘作灌溉、削减洪峰、蓄洪、滞洪之用，“旱则蓄水以溉田，潦则受西山暴流以杀其势”从“灌田数千倾”可知，七陂塘对高邮湖区的农业有着巨大的保障作用，这也说明陂塘之间不仅有农田和村庄，湖区的农业生产活动也已经具有相当规模。到北宋时期，高邮湖区不仅小湖数量增加、水面进一步扩大，且出现了多个大湖。同时期的发运副使蒋之奇写道：“三十六湖水所潴，其间尤大为五湖。”五大湖指的是樊良湖、新开湖、甓社湖、平阿湖、珠湖。这一时期的高邮湖湿地农业已经十分发达，并开始在全国流传声名。明清时期是高邮湖湿地农业饱受水患的时期，但同时也是古代高邮湖农

长势喜人的湿地稻田（陈加晋／摄）

业发展最快并驰名中外的时期。高邮湖碧波万顷、物产丰富，特别是高邮鸭、鹅、鱼、虾、蟹，不仅产量高，且具有鲜明的高邮湖湿地特色。历代文人雅士留下了许多赞颂高邮湖湿地农业的记载和诗句。"鹅鸭烟中乱，鱼虾雨里腥""人家苇花里，放鸭满陂塘""百六十里荷花田，几千万家鱼鸭边"，等等。

3. 特色完备的高邮鸭饲养知识

高邮鸭及其蛋产是高邮湖湿地最重要、最独特和最富盛名的产品，仅文字记载的高邮鸭历史就有1 000多年，养殖历史更能追溯到春秋时代。高邮湖区人民饲养和管理高邮鸭的知识已经积累和传承了上千年，早已形成了一套体系完整、细致入微，且独具地方特色的知识体系。高邮鸭饲养知识包括高邮鸭自然饲养知识、集约化规模饲养知识、鱼鸭混养知识、稻鸭共作饲养知识、冬季饲养知识、早春饲养知识。每一种饲养模式，又包括雏鸭、育成鸭、产蛋鸭的饲养管理。除此之外，常见鸭疾病的防治也是饲养知识的重要内容。

良田叠翠　麻鸭浮水（陈加晋／摄）

（二）优势互补，鱼鸭混养

“鱼鸭混养模式”的机理与“稻鸭共作”类似最大化地发挥了鱼与鸭子各自的优势，利用优势来弥补不足之处，由此可见，此类混养模式是值得沿用和推广的。

1. 高效的鱼鸭生态混养技术

高邮湖湿地的鱼鸭生态混养技术是另一种充分利用湿地资源、实现双赢的典范。该技术与稻鸭共作联系紧密、互为补充，并能与鱼蟹混养相互配合。简单来说，就是定时将成群的高邮鸭放置养鱼的水面上进行采食和浮游。一方面，鸭子可以取食病鱼、水生昆虫的幼虫等有害生物，消除对鱼类生长的不利因素；同时，鸭粪落入

排队入湖的鸭大队（胡顺宏／摄）

水中，小部分以有机腐屑的形式直接被鱼所食，大部分经游离分解，被水体吸收，促进了浮游生物生长，增加鱼类的天然食料，从而提高了湖鱼产量。另一方面，鸭群在水面来回游动，从一定程度上增加了水中溶氧密度，改善了水体环境，鱼鸭混养解决了鸭粪对环境的污染等问题。

2. 可续发展的鱼鸭混养知识

鱼鸭混养是我国生态渔业的一种模式，同时也是高邮湖湿地的主要养殖模式。虽然高邮湖湿地鱼鸭混养模式使渔民增收获利，同时也有效地改善了养鸭的环境，但鱼鸭混养可不是看上去那么简单，高邮湖人民在探索和研究中，摸索出了一套适宜自己的鱼鸭混养技术体系。

首先针对鱼鸭混养水域的水质特点，采取多品种混养的方法，做到不同食性、不同层次的鱼类混养，提高水体和饵料的利用率。鱼种的合理搭配和放养是一个实现池塘生物结构合理配置的过程，这也是提高池塘养鱼经济效益的重要一环。从提高养鱼经济效益的目标出发，其关键就是品种搭配和放养，另外提高鱼产品的质量，实施反季节生产，优化传统的养殖结构也是十分必要的。其次养鸭

悠悠白水 只只肥鸭（高邮市政府/提供）

鱼鸭混养（高邮市政府/提供）

密度过大，池塘水质变差，鱼鸭病害皆频发，导致鱼鸭成活率都降低，产量下降，不能发挥鱼鸭混养应有的优势；养鸭密度过小，鸭粪量不足，还需要向池塘增施肥料和投喂饲料，这样会导致成本增加，总体经济效益减小。因此，鸭的放养量要根据池塘的水源、水深、放养鱼的品种及数量等综合考虑。

（三）相容相生，鱼蟹混养

高邮湖属浅水型湖泊，为淮河入江水道，淮河水的90%要通过三河闸泄入高邮湖，然后经新民滩、邵伯湖渲泄入江。湖区总面积110多万亩，是我国非常重要的湖泊湿地。如此广阔的水域为高邮湖湿地的农民提供了良好的渔业养殖条件。浅水湖泊的水产养殖物种不外乎鱼、虾、蟹等，所谓“鱼蟹混养模式”是在同一水体环境中，相容相生。而“鱼蟹混养”不同于“鱼鸭混养模式”，它的特点在于利用水体的不同水层空间来提高养殖的效率。

1. 鱼虾蟹高效生态混养技术

高邮湖湿地的鱼虾蟹高效生态混养模式中，主养的河蟹为高邮湖大闸蟹，依据虾、鱼品种与河蟹共生互利、优势互补的生物学特性，主要套养高邮湖青虾或罗氏沼虾和花白鲢，再放养一些鲢、鳙

鱼等常规鱼以调节水质。过去，高邮湖主要选高邮湖青虾作主要虾种，近20年来又大力推广罗氏沼虾为主要虾种。高邮湖大闸蟹投放时间一般为3月中上旬、青虾为2月底、花白鲢则是6月上旬，历经饲料投喂、脱壳期、水质调节等环节或程序。高邮湖湿地的鱼虾蟹混养技术既高效又生态，培育出的鱼虾蟹产量高、品质佳。以高邮湖大闸蟹为例，其体型肥大、蟹黄细酥、肉质白嫩，荣获"中国十大名蟹"之一、"国家地理标志产品"等多个殊荣。2014年其产量有0.52万吨，产值4亿元。

高邮湖上的点点鱼桩（高邮市政府／提供）

2. 传承久远的水产养殖知识

高邮湖水域广阔、碧波荡漾，且水质良好，取之不竭的渔业资源是高邮湖带给高邮人最大的财富。打渔、养鱼是高邮湖船民最古老的湖泊利用方式，可考历史可追溯到6 000年前，所以高邮人很早就懂得了高邮湖养鱼知识，其知识的积累、完善和传承至少有3 000年的历史，这些知识都在船民群体中口口相传、父传子承，一直留传至今。

就鱼类种类来说，高邮湖养鱼知识包括链、鳙、鲫、团头鲂、草鱼等常规鱼的养殖知识，还包括具有地方特色的高邮湖银鱼、高邮湖白鱼的养殖知识。知识结构包括水质管理、肥料施用、饲料配

撒网捕鱼（高邮市政府/提供）

“鸭”求“蟹”（汤红霞/摄）

制喂养、网箱养鱼、鱼类疾病防治等。继养鱼之后，高邮湖民众又相继发展养蟹业、养虾业，这些农业生产同样具有悠久的历史，并基于长期实践诞生了相应蟹类、虾类，甚至是鳖类、贝类的养殖知识。值得一提的是，这些不同水产类养殖知识并不是孤立存在、独立发展的，而是有极强的适应性和互补性，各类水产养殖知识需相互融汇、配合，这也是高邮湖湿地之所以能诞生鱼虾蟹混养这一生态又高效的养殖模式的原因之一。总体来看，传承久远的水产养殖知识为高邮湖庞大的水产业提供了有效的知识性支持。

（四）多维利用，鱼类混养

高邮湖是全国第六大淡水湖、江苏省第三大淡水湖，水域总面积为760.67千米^2，水域分布在扬州高邮、淮安金湖及安徽天长三个县市区，是一个跨省、跨市的大型湖泊，水面宽广，物产丰富。高邮湖拥有丰富的生物资源，目前已知植物81科252属，其中水生植物53科131种；野生动物122种，其中省级以上保护野生动物13种，鱼类63种，浮游生物中有浮游植物计7个门类35科，浮游动物计4大类45科159属。

1．高邮湖的水域利用空间分布

高邮湖水域宽阔、水质良好，是各种渔业资源、栖息鸟类、水生植物得天独厚的生存场所，主要渔业资源有翘嘴红舶、乌禮、河川沙塘鳢、鲂鳊、鳜鱼、青酥、梅鲚、大银鱼等；水生经济植物有芡实、菱、荷藕、莼菜等。高邮湖上游和宝应湖相连，2012年南水北调建闸后水体交换减少，下游和邵伯湖相连，原为通江湖泊，建闸之后，鱼类洄游通道被隔断，河蟹、花白鲢等徊游或半徊游种类的资源增殖主要依靠人工放流。从分布上来看，高邮湖北部以围网养殖为主，养殖品种大多为河蟹套养花白鲢；南部水域为敞水区，天然资源丰富，渔民以捕捞为主。

2. 混合养殖鲢、鳙、鲫鱼技术

鲢鱼、鳙鱼生活在水面上层，属滤食性鱼类，适宜生活在较肥的水体中，滤食浮游动、植物及有机碎屑，是调节水体肥度、控制水质的最佳品种，因此应加大鲢、鳙鱼的投放量，亩投放量达到鲢鱼200尾，鳙鱼150尾，改成一年3批次投放，产量可提高150千克以上。放养一定数量的鲤鱼、鲫鱼等杂食性的鱼来吞食水体中的有机碎屑。罗非鱼可大量摄食、消化水体中的蓝藻、微生物、细菌，同时可直接吞食鸭粪和鸭的残存饲料，对净化水质、消灭病原体起良好的作用，因

密密麻麻的鱼桩（高邮市政府/提供）

此罗非鱼的放养数量可适当增加，保持在总体放养量的50%。草鱼因喜欢清静水体，因此放养量要适当减少。由于高邮鱼鸭混养模式下会同时对鱼鸭投喂饲料，因此饲料的投放密度会比别的地方大。

3. 混合养殖鳜、青、虾蟹技术

混合养殖鳜鱼、青鱼、虾蟹，相比其他鱼类混养，更加复杂和繁琐。然而高邮湖的渔民依然探索出属于自己的养殖技术。他们根据鳜鱼、青鱼以及虾蟹这几个物种的生物性质，采用时间分隔技术和空间分隔技术将三者在同一池塘进行养殖。

在水质要求上，三者都喜栖和生活在水草多水质清新的水域。亩投一定数量的鳜鱼苗，鳜鱼捕食池塘内的野杂鱼，促进自身生长的同时，也为虾蟹清除了敌害，增加了经济效益。

行网一次鱼满箱（陈加晋/摄）

五

独具风情：高邮湖泊湿地的民俗文化

以新石器时代为始，高邮湖泊湿地农业区历经7 000载而不衰，连绵不绝、代有发展，其中蕴含的民俗文化十分丰富。2007年，高邮成为当时全国唯一的“中国民歌之乡”；2015年，高邮成功争创为“中华诗词之乡”；2016年，高邮被列为“国家历史文化名城”，高邮的民俗之多元、文化之厚重可见一斑，而高邮的文明之源与文化之根就在高邮湖湿地。无论从“六水一山三分田”的整个高邮格局，还是从“七水二滩半分地”的高邮湖湿地格局看，基于“水”的水文化无疑占据着当地“母文化”的位置；在此基础上，在人与湿地千年的经久谋合之下，“渔”文化、“鸭”文化、“邮”文化等从中得以衍生而出，由此构成了独具湿地风情的民俗文化系统。

（一）水乡处处显“水”韵

从湖沼湿地，到水乡泽国，再到鱼米之乡，高邮湖湿地的人民世世代代，依湖而生、傍水而作，“水”是整个湿地区的文明之源。自龙虬文明诞生之初，以高邮湖为主体的水域就一直见证着高邮文明的传承，守护高邮文化的发展。“高邮湖啊，清悠悠”（高邮市歌首句），高邮人视高邮湖为“母亲湖”，湖水文化是高邮的“文化之根”。没有高邮湖，就没有高邮；没有高邮的“水文化”，所谓“渔文化”“鸭文化”“邮文化”也就成为了无源之水、无本之木。

1．一湖千水万家人

据考古资料发现，作为高邮湖泊湿地文明之源的高邮湖，早在7 000年前就已是适宜人类生存繁衍的滨海沃土，温暖湿润、鱼跃鹿鸣，如今更已成为水域面积648千米^2、滩涂面积112.67千米^{2}的巨

细浪珠湖入梦帘（李明苏/摄）

浸，成为中国第六、江苏第三大淡水湖。沧海桑田，高邮湖虽已经历云泥巨变，但对当地的无私馈赠却一直未曾改变，直到今天，高邮湖依旧是80多万高邮人最重要的水产基地、水源及重要的粮食、畜禽和林木基地。

高邮湖湿地农业区以高邮湖为主体，水网密布、水系发达。先贤秦观有言："吾乡如覆盂，地处扬楚脊，环以万顷湖，天粘四无壁。"高邮的水面占全市总面积的40%以上，可以说，高邮是名副其实的"水乡"。遨览高邮湖湿地农业区（乃至整个高邮），可谓无地不水、无水不景。远眺湖面，水上白鹭齐飞，水面帆船点点；近观滩涂，浅水处水杉穿云，水田里稻浪翻滚，水渠旁水鸟俏立而伫，池塘中绿藕菱花，无一不是由水勾勒出的图景。

高邮湖泊湿地区的水多，自然船多，桥也多，桥也是当地人最耳熟能详的东西。依水而生的渔民自不必说，即使是乡镇里的人们出门，也常以舟代步，乘舟沿着或长或短、或窄或宽的水巷，穿过座座石桥，偶尔经过精致一些的水榭亭台，或走亲访友，或买卖交易。正是在这种水墨一般的氛围里，诞生了诸如婉约派词宗秦少游、文学家孙觉、教育家乔竦、右丞相汪广洋、散曲家王磐、训诂学家王念孙、王引之父子、哲学家王夫之、作家汪曾祺等一批显耀古今的乡贤。

高邮湖泊湿地人民创造出的"湖水"民谚（十则）

夏季水漫滩，秋季出高产。

大水兆丰年，旺前有准备。

涨水鱼，落水虾。

水涨船高，人抬人高。

千里湖堤，溃于蚁穴。

干旱一千日，发水一伏时。

湖上新民滩，十年九年淹，逃荒讨饭度时光。

船漏水，网漏鱼，衣漏体，还是两手空。

西湖的虾子——白忙（芒）。

木头人过湖——不成（沉）。

2．延续千年的湖水崇拜

高邮湖湿地以温润的水土和丰富的物产养育一方先民几千载，湿地人对高邮湖的热爱和崇拜同样长达几千载。泱泱大湖、悠悠绿水，曾有多少文豪墨客为之倾倒，不惜驻足留念，元诗人萨都剌（la）《过高邮、射阳湖杂咏九首》有云：“平湖三十里，过客感秋多。”

自北宋时起，高邮湖区就已有多个大湖，首尾相通、水系相连，太常博士蒋之奇云：“三十六湖水所潴，其间尤大为五湖。”自此，不管是湿地乡贤，还是往来过客，无一不惊叹高邮湖的壮美奇秀。北宋黄庭坚赞曰：“甓社湖中生明珠，淮南草木借光辉。”南宋杨万里《过新开湖》诗赞：“远远人烟点树梢，船门一望一魂消。几行野鸭数声雁，来为湖天破寂寥。”元代傅若金《秦邮》亦赞：“缥渺平湖白，微茫远树青。”明代有胡俨诗云：“社之湖五湖一，百里珠光际天碧。”当代则有汪曾祺的《梦故乡》：“我的家乡在高邮，风吹湖水浪悠悠……我的家乡在高邮，花团锦绣在前头。”

而湿地乡民对湖水的崇拜则多了一份质朴与敦厚，他们虽无文墨，亦无诗文传颂，但通过口口相传、祖辈相授的方式创造和传颂了许多高邮湖的传说故事，有“荧荧有芒焰”的明月之珠、羽化成仙的玉女、白鹿所生的鹿女、蚊嘬而死的露筋女、从画中滑落入

出更（李红卫/摄）

水底的明月、能在水上自由来往的耿七公等。其中，除前文曾提的“甓社珠光”（见第一章、第三章）外，最具代表性的是“耿庙神灯”和“露筋晓月”。这些故事传说中的现象，即使用现代科学技术也不能完全解释清楚，而广大湿地人世世代代，并不怀疑它是否真实存在过，仍然津津乐道，以此寄托对高邮湖水的崇拜之情。

耿庙神灯 这个故事与北宋豪杰“七公”耿德裕有关。耿德裕乃宋仁宗时山东兖州府东平州梁山泊人，因在家中排行老七，所以人称“七公”。耿德裕曾任东平州通判，后因官场污浊而弃官隐居高邮，以渔为业，后皈依佛门。平日悬壶济世，抚恤孤寡，周济贫民，颇受当地人的爱重。

传说七公仙风道骨，常坐在一个蒲团上，在高邮湖上来去如风。七公81岁时无疾而终。南宋孝宗淳熙七年（1180年），海风大作，高

邮湖运道深受其害，殃及湖区民众，当地人遂向七公祷告，竟随即风平浪静，当地人安然无恙。

人们感念七公福泽，在他常游憩的甓社湖边建起了“耿庙”（又称“七公殿”）。庙前立有两根石柱，两柱之间挂有庙灯，或是两盏，或是四盏，或是八盏。渔民行舟晚归，每遇月黑雾障，或风疾浪涌，只要循灯行船，便不会迷失方向，安全归岸，故被誉为“耿庙神灯”。明国子监祭酒胡俨有诗：

新开湖西耿侯庙，夜夜神灯吐光耀。
空中凫雁尽飞翔，渚面鱼龙皆眩曜。
曾开红叶下云中，五台峨眉今已空。
御灾捍患神之功，我做此诗流无穷。

茫茫白水一孤舟（高邮市政府/提供）

露筋晓月 这个故事与高邮乡贤王磐有关。王磐以散曲见长，今人少有知晓他的绘画才艺也名重一时。王磐之画一纸千金，时常有官宦权臣重金求购，但王磐为人乖张，对此行为总不屑一顾，但对知心好友却常无偿赠画。一次，一扬州员外托王磐好友的关系，求买王磐名画《星月交辉图》。王磐应允，三日后的当晚，员外家人前去王磐所住的西楼取画，王磐告知：路上切不可打开画卷。

当晚正值满月当空、月光朗照，员外家人回程途中，对王磐所告之事满腹狐疑，猜疑许久，终于走到离城15千米的露筋祠时，按捺不住好奇心而偷偷打开了画卷一探究竟。不想刚小心翼翼地打开画卷一角，只听“噗通”一生，水中掉落一物。此时《星月交辉图》中的圆月已然不见，再转看高邮湖里，水中则有两个月亮明晃闪人。

明月入邮湖（高邮市政府/提供）

揣着拽拽不安之心，二人急忙赶路，到家时已近拂晓。员外早已等待许久，急急打开画卷，只见画上星星点点，光彩照人，却缺一轮明月。反复追问后，员外方知事情缘由，半信半疑中，他赶到露筋祠，果见天上一轮硕大明月，水中则有两个月亮。此后，“露筋晓月”之说不胫而走，民众传为茶余谈资，只是一直不明白王磐“只赠星、不赠月”的深意，以及画中之月如何就能滑落水中。清代进士孙宗彝有诗：

新诗累累断碑旁，我独低徊思渺茫。

陌上寒霜销碧血，祠前绿树挂夕阳。

古人古事尽如梦，湖水湖烟自有香。

怜得荒沟旧时月，清光永夜起相望。

高邮乡贤：王磐

王磐（约1470—1530年），字鸿渐，明代散曲作家、画家，被誉为“南曲之冠”，其代表作《朝天子·咏喇叭》最为人称道，一直被列入中学语文教材之中。

《朝天子·咏喇叭》

喇叭，唢呐，

曲儿小腔儿大；

官船来往乱如麻，

全仗你抬声价。

军听了军愁，

民听了民怕。

哪里去辨甚么真共假？

眼见的吹翻了这家，

吹伤了那家，

只吹的水尽鹅飞罢。

3．高邮人的“水”性

一方水土养一方人，对于高邮人来说，湖水早已深深融入他们的骨子里。正如著名文学家汪曾祺先生在《我的家乡》一文中所说：“我的家乡是一个水乡，我是在水边长大的，耳目之所接，无非是水。水影响了我的性格，也影响了我的作品风格。”高邮人独特的“湖水”性格可大致概括为：温润如玉、柔和绵软、甜美善良。

如高邮湖的一泓清水也会呈现出“西湖雪浪”的惊涛，“柔和绵软”的高邮人也有着属于“水乡”人的执着与坚毅，这种精神虽不会表现得迅猛刚烈，但却循序渐进、绵长持久，且愈演愈密不可摧。高邮人与洪水灾害的百年抗争就是最典型的事例：从明万历年间到新中国成立之前，由于“黄河南侵”与政府的“治淮”政策，高邮在长达几百年时间里身处“洪水走廊”之中，人民饱受洪灾侵扰，一遇洪渎，田亩尽沉沦，庐舍半倾倒，苦不堪言。即使在这种情况下，当地人依旧毫不放弃，通过在有限的空间里合理配置资源，及巧妙利用生物链原理，将“稻鸭鱼蟹”有机结合，终探索出与水相宜、适水而作的湿地农业模式，愣是在一片“汪洋泽国”中实现了“鱼米之乡”的景象。这种事迹和精神，直到今天祖祖辈辈仍口传相承。

（二）寓礼于“鸭”

高邮湖畔莺飞草长，春江水暖鸭先知。“高邮麻鸭”和“双黄鸭蛋”是高邮先民与湖泊湿地环境经久谋合的“精粹”，现已成为高邮市最具代表性的代名词和标识。当地人养鸭千载，宋代就已经闻名遐迩，可以说，高邮人与高邮鸭有着千年的感情羁绊，鸭子早已超越了禽类的象征，完全融入到了高邮人的日常生活当中。在高邮，自古就沿袭着一套独具特色的鸭俗和鸭礼。

1. 过节食鸭

高邮养鸭多，吃鸭自然多，尤其每逢大小节庆，鸭乃是宴席必备。不同节日，所食之鸭也颇有讲究。

端午吃烤鸭、咸鸭蛋　端午午饭必吃“十二红”（即十二道红颜色的菜），其中“十二红”之首就是“烤鸭”，烤鸭体大透红，寓意“大红大火”；其二就是“咸鸭蛋”，鸭蛋似心状，暗合“保护心气神”之愿，鸭黄多红油，同样有红火避灾之意。

中秋吃盐水鸭　盐水鸭又被称之为“桂花鸭”，与中秋节金桂飘香、桂子月落的氛围十分契合，寓意“吉祥富贵”。当然，从时令来说，此时也是盐水鸭色味最佳的时候，俗语说：“秋高鸭肥”，鸭不仅肥而不腻，而且在桂花盛开的季节制作而成，肉质会带有秋桂的清香（这也是“桂花鸭”之称的由来）。

端午节吃咸鸭蛋的中医说法

中医认为：咸鸭蛋不仅可以滋阴清肺，而且还可以治疗夏季高温带来的隔热、咳嗽、嗓子疼痛以及泄痢等常见的疾病。

盐水鸭（高邮市政府/提供）

酱鸭（高邮市政府/提供）

除夕吃整鸭 传统高邮人的年夜饭，整鸭列席中间，不刀削、不切块，寓意是“首尾相顾”“和满无缺”，如此才能团团圆圆、来年好运。

2．婚俗鸭礼

高邮（尤其是农村地区）婚俗繁琐，送鸭是最重要的礼节之一。鸭礼贯穿整个婚俗过程，鸭子不仅是双方婚姻的见证者，还有着深远且美好的寓意。

“下定”送“肥鸭” 高邮农村男女青年经过介绍人“说合”后，至今仍要举行订婚仪式的习俗，叫做“下定”。下定当天，男方一定要送一些礼品到女方家，礼品当中往往都要有一对肥硕的鸭子，来显示男方家境宽裕，预示将来生活美满。

“追节”送“交颈鸭” 订婚后至结婚正日之前的传统节日里，男方还要送礼到女方家中，这就是“追节”。追节时，男方要送一对“交颈鸭”到女方家中，预示结婚之日即将来临。

结婚正日送“结发鸭” 结婚正日当天，新娘过门随身带来的礼品中一定要有一对“结发鸭”，预示结发夫妻将百年好合。由于“结发鸭”常常是一只鸭子压着另一只，谐音为吉利话“压子”，预祝新郎新娘早生贵子。

探亲送“光鸭” 新娘出门后的第一个传统节日，娘家人常以看亲家的名义去看望姑娘，随时携带的礼品中往往有一对去了羽毛的“光鸭”，而且用红丝线把两只鸭嘴扎起来，表明希望小两口做人要“光荡”一点，不要只图外表，莫像鸭子“喳嘴王”。

催生送“仔鸭” 等姑娘怀了孕，娘家人需要表示“催生”，便会送来一只仔鸭，而且要送公的。

产前送“徜生鸭” 姑娘临产时，若娘家人不放心，便再送来一

高邮湖上随处可见牧鸭场景（高邮市政府/提供）

只膘肥柔嫩的“徜生鸭”，表示希望生养顺利，姑娘身体结实，不会因生养而影响健康。

“抓周”送野鸭　孩子第一个生日“抓周”时，外婆家常送来一对野鸭子，祝愿小孩子像野鸭一样“泼洒”，平安长大，一对鸭子还含有再生二胎的含义。

上学送“含葱鸭”　等家中孩子长大上学后，外婆家又会送来一只或一对“含葱鸭”，“葱”与“聪”同音，意思是祝愿孩子聪明上进。

3．诗歌咏鸭

作为“中华诗词之乡”的高邮，从北宋时开始，就有关于高邮鸭及鸭蛋的诗句流传。以秦观为始，代代文豪墨客竞相挥毫吟诵。大凡诗赋之中，鸭子的身姿均是生动鲜活，形象饱满，既有“鹅

高邮民歌

高邮民歌最早可追溯至新石器时代，是里下河湿地的人们在生产生活中广为流传的传统民间歌曲，主要有号子、小调、情歌及各种生活、风俗歌谣，儿歌、对歌等，它既有苏南民歌柔婉的特点，又有北方民歌爽朗的气质，节奏婉转轻盈，有着浓郁的里下河水乡风格。2008年，“高邮民歌”被列入第二批“国家级非物质文化遗产名录”。

鸭同乐”的情景：（元）傅若金《秦邮》“鹅鸭烟中乱，鱼虾雨里腥”，（清）贾田祖《过宝应至邵伯夹岸木芙蓉盛开》“露筋祠前倚夕曛，红鹅紫鸭一群群”；亦有“鱼跃鸭浮”的景象：（南宋）陈造《次客韵》“春池照影红锦衣，鲤鱼与鸭同低摧。”既有描绘“放鸭”的写意：“人家苇花里，放鸭满陂塘”；也有记录“卖鸭”的写实：（清）沈钦韩《雨中过高邮》“虾荣撑船迎路市，鹅鸭作对沿水嘻。”

溪凫图轴
（元·陈琳/作 高邮市政府/提供）

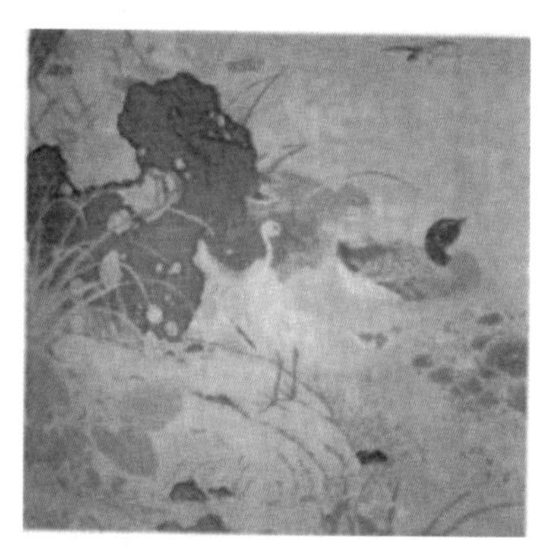

缂丝莲塘乳鸭图
（南宋作品 高邮市政府/提供）

作为“中国民歌之乡”的高邮，“高邮鸭”元素更是深深融入到高邮民歌之中。高邮市市歌《高邮之歌》中就有“麻鸭戏春水”的经典歌词，高邮人对鸭子朴素的情感可见一斑。高邮光以“鸭”为名的民歌就有数十首，例如《数鸭蛋》《小鸭子》《数鸭子》《双黄蛋，黄连黄》《丑小鸭》《麻鸭调情也争风》《水乡鸭子》等，其中《数鸭蛋》更是早在20世纪50年代就唱进了北京中南海，深受周总理的赞赏，2010年又唱进了上海世博会。其余在内容上涉及鸭元素的歌舞作品更是灿若繁星，较有代表性的有《回娘家》《拔根芦苇花》等。

柳鸭图轴
（清·张赠／作　高邮市政府／提供）

荷香鸭肥（高邮市政府／提供）

（三）雨笠烟蓑为“渔”忙

高邮湖湿地湖广滩阔、水美鱼肥，取之不竭的渔业资源是湿地带给高邮人的最大财富，以“渔”为生的渔民是湿地内最古老的职业，可考历史可追溯到6 000年前，禹贡时代就有“淮夷蠙珠暨鱼”的声名。新中国成立以前，渔民多以船为家，俗称“船民”。他们基本与陆地隔绝，三面朝水、一面朝天，菰稗为饭、呷啜鱄羹。不论是曝日炎炎，还是凄风冷雨，都能看见渔民们忙碌的身姿。高邮湖湿地渔民在几千年“网鱼撒鳖”的实践中，创造并代代相传着一套独具特色的文化习俗。

雨笠烟蓑为“渔”忙（高邮市政府/提供）

1. 本帮做亲为主的渔民婚嫁

渔民婚嫁习俗与陆上居民有别，别具特色。一般媳妇不远娶、女儿不远嫁，以本帮做亲为主。

一般在结婚正日之前，婚嫁双方需经“合婚”“谈亲”“下定”等基本程序和礼节，这与陆上大致一样。而到迎亲当天，男方备好彩船，船篷前悬挂用红布扎起的彩球，桅杆前竖起“喜照”（一面筛

子，中贴“吉星高照”横幅、两边插上金花，中间挂一面镜子），必须于当夜12点钟出发。人数逢单去，逢双回。船到女方，女方亲友的船左右靠的满满的，索要“让档礼”，一增再增，直到女方满意，才让档给彩船让其靠近女方船旁。直到凌晨四点左右，新娘才开始梳妆，由舅舅搀新娘跨入彩船。彩船出发时，娘家把新娘洗脸水向彩船后泼去，表示“嫁出去的姑娘泼出去的水”。

新娘一定要在天亮前到家。到家后，需先在主船（公婆住的船）上拜堂。第二天早上，新郎新娘必须上主船先拜家堂，后拜船头水神，祈佑日后行船平安。

2．造船如建房

高邮湖渔民若有大渔船，则能住两代人，小渔船就只能住一代人，儿子结婚，必须另造一条新船。渔民造船，如陆上居民建房一样重要，程序繁琐，仪式感十分浓厚。

造新船（沈廉／摄）

开大锯 开锯要选个吉日。开锯前，先把做船底中心板的木头头子锯下，贴上“开工大吉”的红幅，用红纸包好，置于船舱龛位上，敬香、磕头，然后方能开大锯。

铺置、排梁 铺置的木头块数和排梁的道数都要成单，不能成双。

上大捺板 大捺板是指船旁边一块中心板，此板十分重要，一是板厚难上，二是它决定船样的美观度，三是它决定行水性能，所以上大捺板要给工匠喜钱。

上挡浪板 船两头的挡浪板要逢单，不能逢双。挡浪板及大梁板中间都不准钉钉，如钉子尖对准中心线，于主家不利。

打排鼓 5吨以上的船一定要打排鼓。打排鼓木匠的数量，根据船的大小，最少7人，最多20人。领头的叫刨钉手，其余的按照船缝排列，刨钉手斧头一响，所有木匠斧头凿子一起敲起来，声音整齐响亮，加上铜锣伴奏，一天打三杖，一杖打三曲，曲目依次是“凤凰三点头”“鲤鱼三叠籽”“齐王乱点兵”，三曲完毕，观众齐声呼好，主家放鞭炮、给喜钱。

闭龙口 钉船前，主家需选好“顺治”“太平”铜钱各一枚。主家先给喜钱、烧香、磕头，随后木匠将两枚铜钱用红丝线扎上，嵌在船底板前与挡浪板之间的缝中。

暖墩 新船下水前夕，在河边设两个墩子搁船，船头平水。船头上佩有红布条，插上金花，挂彩球、贴对联，船上人烧香、磕头、放鞭炮，然后大宴亲朋。次日天初亮，再烧香、磕头、放鞭炮后，船即下水。

3．敬神之礼

高邮湖湿地渔民皆有敬神的传统，主要的供神有唐神、韦神和

唐神

高邮湖湿地渔民所供的唐神，并不专指一个神仙，而是多个神仙的统称，包括：金龙四大王、白马先锋、代财五道、财神、何仙姑，等等，神仙人数视地区而有所不同和增减，有些地区所敬唐神超过20位。

王令官。

每年春节后，开船大吉，渔民总要烧香磕头，放3个爆竹后，求船神保佑平安和鱼虾满舱。

开捕下簖前，也要先敬神。备好猪头、鲤鱼、公鸡、贡果等，燃烛烧香、磕头、放鞭炮，然后将贡品全部推入湖中，才能开始下簖箔。

到每年七、八月份，渔民还需以家族为单位，集中敬神一次。礼制规格为猪头三牲、猪蹄子、香烛纸马、鞭炮等。礼毕后，集体聚餐，谓之“烧神奉”，可保行船太平、渔业兴旺。

4．做会之俗

高邮湖湿地渔民群体（尤其在新中国成立以前）盛行“做会”，当地有“发财如受罪，不是做斋就是做会”的说法，很多做会实际上也掺杂“敬神”之礼，两者相互交织，很难严格区分。

“七公会”，是高邮湖渔民专做的会，也是渔民最为崇拜、最盛大的会。相传高邮湖“七公”（即七公老爷耿德裕）是掌握鱼虾和风浪的河神，所以在捕鱼旺季到来之前，每年农历九月十七日，渔民要做“七公会”，请来香火，唱起香火戏，以两只公猪头、一只公

泊于岸边的船只（陈加晋/摄）

鸡、一条鲢鱼，升香燃烛，祭祀七公大王。丰收后，需再做会以拜谢七公。此外，还有“青苗会”“军王会”等。

5. 行船之讳

高邮湖渔民常年行风踏浪，万事以“安全”为先，所以长期形成了许多行船捕鱼时的忌讳，尽管有些还带有封建迷信的色彩，但出发点均是祈求平安的朴素心愿。

称谓　称呼“渔民”，以“船家”或“船老大”最佳，绝不能喊“船老板”。因“老板”与“捞板”谐音。

吃饭　只能称“装饭”“添饭”，切忌说“盛饭”，因“盛”与“沉船”同音。

饭后　只能把筷子放在桌上或船板上，万不能搁在碗上，因有“搁浅”的意味。

买肉　不能把肉拎在手上上船，要放在篮子里带上船，因行船最忌“漏”字。

买锅　要用东西包起来带上船，锅不能外露，因行船怕“黑锅罩”。

如厕　不论男女，一律禁止在船头如厕，只能在船尾。

产妇　生养未满月的渔妇，荡桨时，桨头不能碰到别人船上，因自己是“红人”，别人忌讳。

开船　开船时，用篙子在船头划两下方可开船，寓意“船头一切障碍赶走”。

遇风　渔民开船下湖捕捞时，遇到逆风，需自言自语地说：“时到当头顶，晦气遇顺风”，并且要连说几遍。

遇雾　行船时遇到大雾，切忌说“看不见”之类的忌语。

船靠　渔船相互靠近帮在一起时，无论男女，不准双脚同时跨两船，也不准屁股在一条船上，同时脚搭在另一条船上，因怕财气溜到对方船上。

湖大船小需谨慎（高邮市政府／提供）

（四）菱花仙陂里的清韵乡风

在高邮湖湿地农业区，不仅有汉族，同时还有回族也是当地的主人，他们聚居在高邮湖南滨的“菱塘乡”。自第一批回族人踏进这片“三面环湖，一面临山”的菱花仙陂里，回族人就与当地汉族人世代交好、繁衍生息。回族人在坚守信仰的同时，将本民族的智慧与依山傍湖的湿地环境相结合，创造出了既独具回族风情又与当地相融相合的农业文明和乡风习俗。1988年5月12日，经江苏省人民政府批准成立了“菱塘回族乡”，这是江苏省唯一的少数民族乡。目前，菱塘回族乡辖6个行政村、2个社区和2座新旧清真寺，总面积约53.9千米^2，回族人7 000多人，占总人口的30%以上，并入选了“国家级生态乡镇”和“全国美丽乡村”试点单位。

“菱塘”之名

菱塘，顾名思义，意为开满菱花、长满菱角的河塘。过去当地曾分布多达几百亩的菱塘，“野菱”与“家菱”连成一片，夏开菱花、秋收菱角。菱塘集镇上有座主桥名为“菱塘桥”，所以初时乡以桥为名，明代隆庆年间的《高邮州志》地图上，菱塘被标为“凌塘桥”。清朝初年，这里被正式命名为“菱塘桥”，民国时期才被改为“菱塘”。如今当地百亩菱塘不复存在，唯有野草浮萍，但“夏吃菱角，冬吃菱粉，美菱飘香，享誉四方”的曲子仍在传唱。

（五）神州独此“邮”邑

中国（尤其南方）湖泊湿地众多，冠以“水乡”之称的地域也有多处，但因“水”兴“邮”、以“邮”为名、随“邮”而兴的城市，却独此“高邮”一邑。高邮是全国2 000多个县市中唯一以“邮”命名的城市，也是中华集邮联合会命名的全国唯一县级“集邮之乡”。2006年，高邮市人民代表大会一致通过了《关于打造东方邮都议案的决议》。曾有多位邮界元老巨擘数次称赞高邮刮起的“邮风”，可以说，高邮的“邮文化”既悠久又深厚，它不仅是高邮人的骄傲，也是对外交往的一张名片。

高邮地标建筑：邮驿之路（高邮市政府/提供）

1.“高邮”之名：水道边的“邮亭”

“高邮”以“邮”为名，而“邮”则因“湖”而生、顺“水”而兴。早在春秋战国时期，高邮湖区基本演变为古潟湖平原。已存文献记载的湖泊有两个，分别是《水经注》提到的“樊良湖”和《魏书》所载的“津湖”，这两个湖泊后来还被唐代文献《初学记》所记载。春秋末期，吴王夫差为北上与齐争霸而开凿邗沟，据《左传》记载：“哀公九年……吴城邗，沟通江淮。”由于邗沟开凿大半利用湖区已有的天然湖泊沟通，高邮湖区原本相互独立的水系开始连通，

《初学记》

《初学记》是唐玄宗时期成书的综合性书籍，由学士徐坚等人奉旨所编，取材于群经诸子、历代诗赋及唐初诸家作品。该书编撰初衷是为玄宗诸子作文时检查事类之用（故称作《初学记》），其中有载："山阳郡有樊良湖、射阳湖、津湖。"这也佐证了高邮湖泊在隋唐之前就具备了一定的知名度。

高邮湖也开始了既是河湖，也是运道的历史。

水上列车（吴同祥/摄）

邗沟枢纽的开凿，使得扼湖临河的高邮成了交通运输"要冲"，地理位置的重要性凸显。为此，战国末期秦国（嬴政二十四年）灭楚后，就立即在邗沟运道上不惜"筑高台"而"置邮亭"，以便邮传和传舍，"高邮"即由此得名。西汉王朝初建，汉高祖就在此地分置"高邮县"，高邮从此开始了长达2 200多年的建城史。

从东汉开始，高邮湖水系相继连通，水域面积逐步扩大，航运邮传功能不断增强，特别是隋朝京杭大运河的全线贯通，高邮借枢纽之利，成为了一方名邑。唐时在运河沿线增设水驿，从此高邮成为了水陆并行的重要驿站。宋时的"迎华驿"，建筑豪华、设施齐全，官员往来不绝。元代在新设"高邮驿"的基础上，又于高邮湖与运河北岸增设"界首驿"，这种"一县两驿"的情况，在当时十分少见。

明代是高邮邮驿的鼎盛时期。洪武八年（1375年），"盂城驿"

我国目前保存最好、规模最大的古驿站：盂城驿（高邮市政府/提供）

开设。根据《维扬府志》记载，明代盂城驿有站船18条、驿马14匹、水夫170名、马夫14名、铺陈68间，设施十分齐全。驿旁设秦邮公馆，运河堤上设皇华厅，迎送使臣、接待来宾。目前，盂城驿历经600多年依旧基本完好，与河北怀来县的鸡鸣山驿同为中国仅存的两座古代驿站，也是国内建筑设施保存最为完善、功能展现最为全面的古驿站，2014年被列为“世界文化遗产”的组成部分。

2．邮香芬芳溢盂城：邮人“爱邮”

身处千年邮邑，高邮人自古就支持邮传，参与邮传。根据清代乾隆《高邮州志》记载，高邮驿站的运行费用大部分由地方支出，驿站用马由地方供应，驿夫也是由地方抽调或雇佣。自清代光绪二十四年（1898年）在高邮设轮船局，光绪二十六年（1900年）增设三等邮局后，古代驿站形式逐步走向落没，但“邮文化”一直传承至今，生机勃勃。在高邮，“邮”元素十分丰富多元，除盂城古驿外，还有“东方邮都网”的开通、“邮都文化广场”的开放、首家“中国集邮家博物馆”的开馆、“邮文化产品研发设计中心”的创设，等等。从1997年开始，高邮已连续举办了八届“中国邮文化节”，堪为邮界盛会。

邮人集邮爱邮蔚然成风，堪称全国有名。每逢新邮发行，邮迷竞购；邮票展览，邮迷纷至；邮事交流，邮迷踊跃。各类活动更是丰富多彩，目前高邮已举办国家级集邮活动7场，展出各类邮集1 200多部，举办全国性集邮学术活动5场。由“高邮集邮协会”（1982年成立）编辑出版的《盂城邮花》，已成为宣传邮文化的重要阵地。据高邮集邮协会统计，全市基层协会超过100个，仅注册会员就超过万人，不仅人数众多，而且全民老少乐在其中，特别是各大中、小学均成立了集邮协会或兴趣小组，其中高邮市南海中学更是“全国青少年集邮活动示范基地”。

邮界名家谈高“邮”

中华全国集邮联合会常务理事　田润德：“让中国集邮家博物馆成为青少年的大课堂。”

中华全国集邮联合会会士　田润普：“高邮在宣传推广集邮文化方面值得学习。”

中华全国集邮联合会会士、亚洲集邮联合会邮展评审员　寇磊：“希望高邮成为集邮文化研究发展的学术中心。”

中华全国集邮联合会会士、新中国普票研究专家　李秋实：“高邮浓厚的邮文化氛围给我留下了深刻印象。”

中国邮文化节（高邮市政府／提供）

3．题壁歌咏高邮驿：先贤“颂邮”

在中国璀璨的诗词文明中，“邮驿诗词”占据着独特的一席。刘广生《中国古代邮亭诗钞》中，收录有一千多首以邮驿为主题的诗词，而据统计，仅写高邮驿站和“舟过高邮”的诗词就有三百多首，欧阳修、曾巩、王安石、苏轼、黄庭坚、陆游、杨万里等人，都曾羁住驿馆访亲拜友，或经邮路鸿雁传书。

而且与同类诗词所不同的是，由于高邮水陆发达，驿临珠湖、浩渺壮美，湿地沃土、物产丰饶，所以高邮的邮驿诗词中，常将大湖风光、湿地农产、邮驿风情等三种元素有机融合。诗词句读中，散发着“驿途、赏湖、品食”的奇妙意境。

过界首驿　元·萨都剌

清风扑人湖边水，幽声到耳树头风。

麦黄蚕老樱桃熟，正是淮南四月中。

平湖过雨天开镜，落日放船人打渔。

野老柳荫沽黍酒，行人马上得家书。

孟城即事　明·邵宝

孟城驿前吟夕阳，高邮湖上好秋光。

红分菡萏初经雨，绿满蒹葭未受霜。

远浦有波皆浴鹭，近堤无路尚垂杨。

南来时见吴江棹，却倚船窗问故乡。

扬州道中即景　明·史杰

已过孟城驿，将经邵伯堤。

汀花临水净，岸柳绕湖齐。

宿鹭冲帆起，饥鸢向客啼。

从来耽野趣，呼笔写新题。

界首寄家兄　清·王士祯

楚天风送采菱舟，菱叶青青稻叶秋。

兄弟相思二千里，木兰亭北驿南楼。

六　物阜民丰：高邮湖泊湿地的农产佳品

清乾隆皇帝曾有诗曰："洒火含阴精，孕珠符祥谶。"作为中国第六、江苏第三大淡水湖，高邮湖湿地水濯质清、泥腴质肥，水土相间自然是珍藏万千，再加上与当地乡民的通力谋合，不少独具特色的农产佳品得以孕育而出。走进湿地，你会发现：稻浪掩映中，水中珍禽"高邮鸭"正穿梭浮潜；拨开一处长草苇穰，可觅得一枚枚蛋中珍品"双黄鸭蛋"。碧波珠湖之下，水中珍宝"高邮湖大闸蟹"成群搏浪，其余"水族"或恣意或闲散地游动摆尾。至于南滨的菱塘里，有白鹅昂首，有麻鸡撒欢，自有一番异族风情。这些都是适水而生、与水相宜的高邮湖泊湿地"精灵"们。

（一）不识高邮人，先知“高邮鸭”

高邮鸭，又称“高邮麻鸭”，与北京鸭、绍兴鸭并称为“全国三大名鸭”，是高邮湖泊湿地区最具代表性的珍禽。与同类家鸭相比，高邮鸭身型较“孔武有力”，肉蛋性能均属上佳，尤以善产“双黄鸭蛋”而声名远播。其品种选育年代更是久远，北宋时期即有文字记载。厚重的历史、卓越的生产性能，加之先后荣获过一连串的国家级“勋章”，高邮鸭可谓是鸭中的“高富帅”。

何谓“麻鸭”

家鸭大致可分为白鸭、黑鸭和麻鸭三种类型，其中麻鸭是我国数量最多、分布最广、品种繁多的一种家鸭。“麻鸭”之名，缘于母鸭羽毛都是麻褐色而带黑斑纹，俗称“麻雀羽”。麻鸭中也可分为肉用、蛋用和肉蛋兼用三种类型。中国三大名鸭中，北京鸭为肉鸭，绍兴鸭为蛋鸭，唯有高邮鸭是肉蛋兼用鸭。

1. 千年鸭业涵古韵

中国是世界上驯鸭养鸭最早的国家，目前已在全国多地发现有3 000年以上历史的驯养鸭的遗迹，例如建武平岩石门丘山采集的新石器陶鸭，河南安阳殷墟和妇好墓出土的玉鸭、石鸭等。诸多考古遗迹之中，又以江苏地区的遗迹年代最早，江苏无锡鼃湖马桥文化遗址出土的灰鸭形壶距今已有5 000多年。据专家考证，淮南湿地区曾有独特的鸟禽（鸭）崇拜习俗，《山海经》中即有“鸡冠鸭翅”作为氏族图腾的记载。西周时期，王朝专门设立了驯养“鹈鹜”的官职，其中“鹜”指的就是“家鸭”，《尔雅》曰：“舒凫，鹜。”后人因其“呷呷”的鸣叫声，遂才有了形象生动的俗名“鸭”。

春秋越国灭吴之前，高邮属吴国辖地。时吴国开创了集群大规模养鸭的历史，据《越绝书》《吴越春秋》《吴地记》等多个文献记载：“鸭城者，吴王筑城。城以养鸭，周数百里”“鸭城，在吴县东南二十里”，吴王为养鸭而“筑城”也算是一时奇观了。战国时，高邮又属楚国，《楚辞·招魂》有曰：“鹄酸臇凫，煎鸿鸧些。”可见当时楚国人已熟练掌握将家鸭制成美味肉羹的技术，这有可能是当今名菜“老鸭煲”的滥觞。

这一时期，由于受地理位置与经济水平所限，高邮地区的养鸭活动并未有直接的文献记载或资料留存，但从高邮临近与所属地区

“家鸭”的来源

家鸭无疑是由“野鸭”驯养而成。据考古资料记载，早在1 500万年前的中新世中期，我国就有过远古鸭的踪迹出现，如山东临驹发现的中华河鸭。到距今几百万年前的上新世，在河北张家口亦发现有鸭类化石。其后，北京周口店等旧石器时期遗址及浙江河姆渡等新石器时期遗址，都发现有野鸭的分布，它们是原始人类猎狩的重要动物之一。

远古时期，野鸭的种类有很多。即使至今，我国仍有很多野鸭，如针尾鸭、绿翅鸭、花脸鸭、罗纹鸭、斑嘴鸭、绿头鸭、赤膀鸭、白眉鸭等。不过根据动物学家们的意见，所有这些鸭之中，只有“绿头鸭”才是目前世界上绝大多数家鸭的祖先。

欢腾（王琨／摄）

的养鸭记载来看，高邮湖泊湿地的养鸭活动应该也已产生，且当时高邮湖区已具备十分优越的养鸭环境：充足温润的光照、繁密的河谷草地、丰富的水生动植物资源等。由此可以推测，高邮湖区虽然人口不多，养鸭规模自然比不上苏州等名邑，但当地农户劳作之余闲养几只家鸭，想来是件十分常见的事儿。

到了宋代，高邮湖区的鸭业已经十分发达。一方面，随着人口数量的扩增，养鸭规模随之扩大；另一方面，高邮鸭经过世代牧养和精心选育后，体魄强健、产蛋能力强的种质优势逐步显现，以高邮鸭所产鸭蛋为原材料制作而成的“高邮咸鸭蛋”被甄选为北宋皇室贡品。而在民间，高邮鸭经乡贤孙觉、秦少游及其亲友黄庭坚、苏轼、曾几等多人的口口相传后，也是声名渐隆。且据南宋杨万里《插秧歌》诗曰：“秧根未牢莳未匝，照管鹅儿与雏鸭。”在秧苗尚未青壮之时照管雏鸭，为的就是防止鸭子下田踩踏嫩禾。诗人杨万里描绘的虽是衢州农村的情景，但鉴于高邮与衢州地理位置相近（互为邻省），“春早秋短、夏冬长，温适、光足，旱涝明显”的气候条件也十分类似，所以我们有理由相信，高邮湖泊湿地区很可能也懂得分时段放鸭下田，这也为日后“稻鸭共作”模式的成熟和普及奠定了基础。

明清是高邮湖区养鸭业臻至成熟的时期。时高邮乃至整个里下河地区深受洪患肆虐之苦，多种农业经营受到巨大冲击乃至倾毁，不过倒为与水相宜的养鸭业提供了发展良机。对于喜水善潜的高邮鸭来说，水域与滩涂面积的扩大，即意味着优质而天然的“饲料场”与“游乐园”的扩大。高邮鸭在当地人的农业生产与生活中，占据着重要位置。时文人雅士有关高邮湖湿地农业的记载和诗句中，也几乎无鸭不提、无鸭不载，清代傅若金《秦邮》诗云：“鹅鸭烟中乱，鱼虾雨里腥”；沈均《赋得池塘生青草四首（选三）》诗云：“藻动参差浮鸭子，萍开唼呷荡鱼儿”；顾宗泰《六叠韵》诗云：“百鸟暮天群噪鸭，千鳞晓海自驱鳖”，等等。自此，鸭业经济逐渐成为高邮湖区乃至整个高邮地区农民增收致富的重要支柱。到近几年，高邮鸭业从业成员已达到5万人，产值8亿多元，涵盖了科研、繁育、养殖、饲料、加工、包装、运输、销售等几乎全部产业分支。

高邮田边必有塘，塘中必有鸭（陈加晋/摄）

2. 湿地水土育珍禽

作为有着千年“寿龄”的水禽，高邮鸭的珍稀性已无须赘述。全国家鸭品种多达成百上千种，唯有高邮鸭脱颖而出，与北京鸭、绍兴鸭合称为“全国三大名鸭”。2001年，高邮鸭入选“全国农业标准化示范区产品”。2002年6月，高邮鸭被国家质检总局列入“国家原产地域保护产品”（即后来的“国家地理标志产品”）；同年9月，高邮鸭业园被确定为“国家级高邮鸭农业标准化示范园”。2005年，高邮鸭被定为国家级畜禽遗传资源保护品种，进入国家水禽种质资源基因库。2006年，高邮鸭再被列入农业部《国家级畜禽遗传资源保护名录》，为此国家颁布了国家标准GB/T 25244-2010。

一系列殊荣背后的核心是高邮鸭上佳而独特的种质资源品质。高邮鸭善潜水、觅食能力强，耐粗饲、适应性强，加之湖荡资源丰富，“伙食”极好，所以养成了“生长快”“个体大”“肉质佳”“产蛋多”“蛋头大”“蛋质好”等多项特点。数据显示，成年公鸭体重3～3.5千克，母鸭为2.5～3千克。母鸭180天开产，年产蛋160枚，蛋重平均70～90克。无论是“肉鸭”还是“蛋鸭”性质的指标，高邮鸭均不弱于北京鸭和绍兴鸭（见表11）。

表11　全国三大名鸭基础指标对比

	高邮鸭	北京鸭	绍兴鸭
成年体重	公鸭体重3～3.5千克，母鸭为2.5～3千克	公鸭体重3.5千克，母鸭3.4千克	1.7～1.8千克
年产蛋量	160枚，平均蛋重70～90克	80枚	150～160枚，平均蛋重70～72克

在“颜值”方面，高邮鸭也称得上数一数二：紫毛细花、麻羽雀姿、紫喙玉蹼、方头大眼、身型匀称、体态祥和，时人赞曰：“水殿风来珠翠香，眉梢眼角藏秀气。”当然，公母、日龄不同，其身姿样貌也各有风韵。

雏鸭 黄绒毛、黑头顶，黑线脊背、黑尾巴，黑爪、紫嘴紫脚，初生重一般为45～55克。

公鸭 体型较大，背阔肩宽。胸深躯长，呈长方形。方头暴眼，虹彩褐色，嘴青带微黄，嘴豆黑色。羽毛在头和颈上部为黑而泛翠绿色，背、腰棕黑色，胸部红棕色，翅内侧为芦花羽，腹部白色，尾部黑色。胫、蹼橘黄色，黑爪，当地人称它为“乌头白裆青嘴雄”。

母鸭 方头暴眼，细颈长身，紧花细毛，胸宽深，臀部方形，两腿健壮有力。全身为麻雀毛，成黄米汤色，花纹细小，主翼羽带蓝黑色。紫嘴，嘴豆黑色，虹彩褐黑色，胫、蹼紫红色，黑爪。

湖边鸭群撒欢（高邮市政府/提供）

3．高邮鸭馔香神州

以鸭为主料的菜式，达数百例之多，风味各异，花样甚繁。清代《调查鼎集》记载的鸭馔品种就有80多个，其中：煨鸭块、套鸭、煨三鸭、八宝鸭、鸭羹、红炖鸭、熏鸭、桂卤鸭、风板鸭等，皆是典型的江苏菜系风味。鸭虽多为普通农家所豢养，似乎带有浓厚的乡土气息，但早在先秦时代就已是宫廷御膳中不可缺少的美味了。《礼记・内则》中就有“弗食舒凫翠”的记载，意思是不食鸭子的尾臊，可见当时的御厨已懂得如何烹制鸭子，使其更加美味。

即使在以选料严格、制作精细、规格高而著称的宫廷菜系中，鸭菜也占有重要一席。据中国第一历史档案馆所藏“清乾隆时期膳食档案资料”所示，乾隆皇帝御膳有97款菜式，其中鸭菜有22款，占总数的23%，且不少菜式与高级名贵材料搭配，如“燕窝鸭丝”“八宝鸭羹”等，甚至在乾隆皇帝御赐给孔府的“满汉宴”中，所配套的“银质点铜仿古象形水火餐具”里也有鸭形的餐具。当今收入人民大会堂国宴规制的菜系中，有近40款鸭菜，所以烹饪界与民间“无鸭不成席”的说法，并不是虚言，更不是妄言。

高邮湿地人善养鸭，更爱食鸭。从北宋时期起，高邮鸭就与美食、美文、美口有了剪不断的羁绊，许多乡贤大家均是美食家，古有秦少游，今有汪曾祺，苏东坡虽不是高邮乡籍，但却是高邮美食（包括鸭馔）的“铁粉”。这些古今文人，品食赏肴，笔下生花，写出一批批诗文，从而让美食绵延迤逦、美口赏心，有的甚至成为四方食事的一曲颂歌，所谓“美食成就美文，美文彰显美食”是也。

就口味口感而言，高邮鸭馔拥有“清纯、本味、中和”的风味

鸭加工（高邮市政府/提供）

特点，不过真正让人唾津自生，也是区别于其他地域鸭馔的特色则在于其精细讲究、风格雅丽的“淮扬”制法（特别是刀工）。由于高邮养鸭历史千年，美食文化自然也称得上源远流长，漫漫历史长河中，又以“秦邮十大名菜”为当地美食的最高杰作。这之中，鸭菜就占了3项。

金宝大发　香酥麻鸭　香酥麻鸭油氽枣红、乳汁金黄，特点是：外酥脆，里鲜香。用筷子一拨，骨架顷离，肉脱骨，皮松脆。入口抿品，咸中藏甜，甜中寓香，是助酒健胃之佳肴。由于鸭子有“压子”“押子”的谐称，寓意新婚夫妇多生优生，喜得胖娃金宝，所以香酥麻鸭又被称为“金宝大发”。

霞蔚凤仙　钗烧野鸭　以高邮湖边青纱帐中的野鸭为原材料制作而成，特点是：新鲜、净朗、华美、芬芳。钗烧野鸭的工艺相当考究，特别是在钗烧过程中，有“火光熊熊、蒸气蓬蓬”的景象，所以又名“霞蔚凤仙”。曾有美食大家品尝后，赐评为：“清汤嫩肺天然美，骨脆肉酥野味香。两片一蓉裹双脯，飞禽候鸟腊月尝。”

天长地久　砂锅天地鸭　将野鸭和家鸭合二为一，别出心裁的一道名菜。此菜一锅两样，一菜两味，异曲同工，可以红焖，可以清炖。打开锅盖，香味扑面，其中既有野味，又有秀香，秀野交织，别具一格。细看砂锅菜式，似如高邮湖湖面广阔、水天一色的景象，野鸭在天，家鸭在地，寓意“天长地久”。

进入21世纪后，高邮人又再推陈出新，在传统鸭馔名菜的基础上，创造出了独一无二的“秦邮全鸭宴”。全鸭宴以高邮鸭为主要原

全鸭宴（陈加晋／摄于中国鸭博物馆）

料，配以高邮湖荡野鸭、加之双黄鸭蛋等名产，实现了真正的“无菜不鸭、无鸭不菜”。

全鸭宴以淮扬菜系为骨架，结合高邮菜地方特色，追求以鸭求新、一鸭多味的烹饪效果。鸭的各个部位，头、尾、翅、爪、蹼、骨、肉、血、脑、筋、心、肝、肠、油、皮等均为食材，烹调方法包括炒、蒸、炖、炸、炝等，多达十几种。整个鸭宴风味荟萃，菜式多达百种，而且可因四季交替而变幻多种口味：春江水暖“桃花宴”、暑气熏蒸“茶花宴”、芙蓉映水“菊花宴”、傲雪凌霜“梅花宴”。酸、甜、鲜、辣、咸，四方来客皆能寻到相宜的一款。

“秦邮全鸭宴”菜单（部分）

冷碟主盘：璧合珠联。

八围碟：水晶鸭舌、芹菜太乙、胭脂鸭脯、玉骨穿翅、鸭血豆腐、盐水玉鸭、兰花鸭肫、五彩鸭丝。

热菜：花豉鸭卷、芙蓉鸭心、油爆菊红、地栗鸭片。

大菜：八宝葫芦鸭、翡翠鸭羹、掌上明珠、香酥麻鸭、双味太极、荷蒸粉鸭。

点心：鸭米烧饭、五丁鸭包。

主食：鸭羹菜饭。

水果：秦邮鸭梨。

（二）双黄一绝，“蛋”甲天下

高邮当地有句耳熟能详的俗语：“天上太阳月亮，地上鸭蛋双黄。”如果说高邮鸭是高邮的“物宝天华”，那么高邮鸭蛋就是镶在宝玉上的“明珠精粹”。高邮鸭蛋由高邮鸭所产，知名度却更甚后者，堪称高邮当之无愧的首席“形象大使”。与一般鸭蛋相比，高邮

高邮三蛋：双黄蛋、咸鸭蛋、彩蛋（陈加晋／摄于中国鸭博物馆）

鸭蛋蛋头大，每只都在75克以上，有“蛋中之王”的美誉。在高邮，有“三蛋”的说法，即双黄蛋、咸鸭蛋、彩蛋（松花蛋），不过更为大众熟知的是前两者，特别是双黄鸭蛋“蛋白如璧玉，蛋黄似玛瑙”，红白相间，珠联璧合，堪称一绝。

1. 从皇家贡品到民间珍馐

最迟在北宋熙宁（1068—1077年）年间，高邮鸭蛋就成为了全国禽蛋中的“超级明星”。由于高邮的双黄鸭蛋内藏双珠，本就稀有，造型又十分别致，红白相间犹如羊脂中的两轮红日；加之口感疏松，口味甚好，所以被选为皇室贡品。一枚小小的鸭蛋能获皇室青睐，靠的自然是其本身的“硬实力”。宋代之后，双黄鸭蛋至少在明清两朝都是有史可考的皇家贡品，相传清代乾隆就是一位嗜好鸭馔（包括鸭蛋）的皇帝，所以在其日常御膳菜单中，鸭菜占据了很大比例。

不过，皇室并未专美于前，无论皇室兴衰、朝代更迭，民间人士一直是高邮鸭蛋最广泛的消费者和传播者。高邮鸭蛋的首席“粉丝”无疑是北宋词宗秦观，作为高邮人士，秦观自然近水楼台，很早就领略过高邮鸭蛋的别致与美味。自离乡入仕后，秦观开创了名士之间以高邮鸭蛋礼赠好友的先例。北宋元丰元年（1078年），秦观托人将自己家乡腌制的咸鸭蛋赠与时任徐州太守的师友苏轼，并附诗《寄莼姜法鱼糟蟹·寄子瞻》一首：“凫卵累累何足道，饤饾盘餐亦时欲。”其中“凫卵”即是高邮鸭蛋。由于诗中还有言：“淮南风俗事瓶罂，方法相传为旨蓄。”“瓶罂”是一种口小腹大腌渍食品的容器，虽不知秦观所赠是否为“双黄”鸭蛋，但至少

红日流丹　珠联璧合
（高邮市政府/提供）

是正宗的高邮“咸”鸭蛋。作为深谙美食之道的赏食家，苏东坡品食过高邮鸭蛋后对其青睐有加。北宋元祐（1086—1094年）年间，苏东坡移知扬州，期间他多次品尝过高邮名产美食（包括鸭蛋）。

自此，高邮鸭蛋成为了馈赠亲友的名优农产。亲友以蛋互赠、口传相赞，高邮鸭蛋“双黄一绝”的“口碑效应”也逐渐显现。清代著名美食家袁枚就高度评价道：“腌蛋以高邮为佳，颜色细而油多。”当代著名作家汪曾祺也曾回忆道：我在苏南、浙江，每逢有人问起我的籍贯，回答之后，对方就会肃然起敬：“哦！你们那里出咸鸭蛋！”上海的卖腌腊的店铺里也卖成鸭蛋，必用纸条特别标明：“高邮咸蛋”。高邮还出双黄鸭蛋，别处鸭蛋也偶有双黄的，但不如高邮的多，可以成批输出。

可见，当时高邮鸭蛋至少已经是长江三角洲地区最为知名的蛋中明星了，即使如汪曾祺这样的名人，也会不加掩饰地称赞家乡的鸭蛋：“高邮的咸鸭蛋，确实是好，我走的地方不少，所食鸭蛋多矣，但和我家乡的完全不能相比！曾经沧海难为水，他乡咸鸭蛋，我实

高邮鸭蛋“铁粉”之“高文端公”

清代著名诗人兼美食家袁枚在其《随园食单·小菜单》中说：高邮咸鸭蛋，“高文端公最喜食之”。可见，这位“高文端公”是位标准的高邮鸭蛋“铁杆粉丝”（简称“铁粉”）。那这位“高文端公”是何许人也?

高文端公的真名为高晋（1707—1778年），字昭德，高佳氏，满洲镶黄旗，谥号“文端”，所以被袁枚称为“高文端公”。高晋是乾隆著名的五督臣之一，同时也是治河名臣。据笔者考，高晋与高邮鸭蛋结缘应该从他在乾隆二十二年（1757年）任至江南河道总督时开始。他在治河期间，曾就江苏高（邮）、宝（应）、兴（化）、泰（州）等地的洪灾问题多次上疏谏言。

在瞧不上。”

进入21世纪后，在发达的媒体技术的加持下，高邮鸭蛋的美味盛名远扬，并屡获殊荣。2002年，“高邮咸鸭蛋”被国家质检总局批准为“国家地理标志产品”，这是继“贵州茅台”之后的全国第十例、继“镇江香醋”之后的江苏省第二例。2008年初，“高邮鸭蛋”获得国家工商总局颁发的“证明商标”，这是扬州市第一个获此荣耀的产品。2014年，在北京三联书店出版社出版的《最值得品尝的100种味道》中，“高邮双黄鸭蛋”位列第二。

2. 高邮鸭蛋“双黄”之谜

高邮鸭蛋藏“双黄”，似乎天下人皆知，但少有人知的是，高邮鸭蛋中的“双黄”是如何形成的？而且为何只有高邮鸭能稳定地产出双黄？

这是个需要进行有效的科学研究来解决的问题。从科学上讲，双黄蛋的形成机理是由于两个卵细胞同时成熟并一起脱离滤泡被纳入输卵管，在输卵管各部依次被蛋白、壳膜和蛋壳等物质包裹而形成的。这通常是个极小概率事件，而高邮鸭能稳定产出，主要集中在以下两个方面。

生理原因　产双黄蛋的高邮鸭多见于青年母禽，主要是当地母鸭生殖能力强，它们的促卵泡素和排卵诱导素超量分泌，因此，这种初生蛋鸭性能变化较大的生理特性形成了较强的“内应激”环境，从而产生了一种多生“双黄蛋”的负效应。通俗一点说，即归功于高邮鸭“强健”的身体素质，如此才有旺盛的生殖能力，才能做到连续排卵而产出双黄蛋。此外，与通常鸭蛋相比，双黄蛋不仅蛋头大，而且蛋壳更硬，所以孵化难度更高，这同样需要高邮鸭的强健体魄作为后盾。

遗传原因　高邮鸭独有的品种特性常被认为是产双黄蛋的主要原

高邮鸭拥有“国家标准”（高邮鸭集团/提供）

因，而品种特性的背后，又是特定的自然环境和人们长期选育的结果。尤其是千年高邮湖泊湿地，河沟港汊、湖泊荡滩，无处不在的优质水面资源，是高邮鸭绝佳的饲养场。高邮湖水质清凉爽口，水面浮游的、水下栖身的各种小动物，螺蛳、小鱼、小虾、藻类等，都是鸭子最上等可口的“活食”。

从现代科学研究已知，高邮鸭蛋的显著标志，即“蛋黄朱色”的实质是蛋黄色素的适度沉积，肉眼观之即呈现出如传统的“朱”色或“红太阳”的“红”色；而蛋黄色素的主要来源就是饲料中的“叶黄素”，这一营养物质在鲜藻类的水生植物中大量存在。当地的饲养试验也证明了这一点，在高邮鸭实行集约化饲养后，尽管产蛋率、蛋重、存活率有所增加，但是蛋黄色素不及放牧的好。对此，科研人员通过添加鲜藻类饲料喂养，果然使蛋黄色素在几日之内就能达到15级左右，完全符合高邮鸭蛋标准（“高邮鸭蛋国家标准”中对蛋黄色素有明确规定标准）。

实际上，目前科学研究也仅仅能简单笼统地解释所以然，上述因素并不是简单累加，而是有复杂的相互作用过程，而且有可能也只是必要条件，我们即使在其他地方构筑一个与高邮湖泊湿地极其类似的环境来饲养高邮鸭，也基本不可能产出双黄鸭蛋。淮南多水乡，全国水乡更多，却唯有高邮能孕育出高邮鸭，也唯有高邮的高邮鸭能产出天下一绝的双黄蛋，我们不得不理解为这是大自然的精巧馈赠。

不过，即使强壮如高邮鸭，产蛋的双黄率在历史上也仅为0.01%～0.15%，即1 000个蛋中仅有两个不到的双黄，由此可见其珍贵性。20世纪90年代，经专家和科技工作者的研究与努力，高邮鸭双黄蛋率提高到了1%～2%。21世纪后，高邮鸭双黄蛋率又提高并普遍维持在2%～3%。据主管高邮畜牧业的高邮市农委副主任介绍，近年来日益精进的饲养技术，已能将高邮鸭蛋的双黄率增至6%左右，这是一个巨大的技术突破。每一个百分点的提高，都凝结着科技者的智慧和从业者的汗水，但即便如此，高邮双黄鸭蛋的产出率依旧不高，这也是被人称为“鸭蛋之极品、食用之精品、人间之珍品”的原因所在。

3．非物质文化遗产：高邮咸鸭蛋制作工艺

咸鸭蛋，即以新鲜鸭蛋为主要原料经过腌制而成的再制蛋，是高邮双黄鸭蛋最普遍的加工制法和吃法。从古至今，市场上售卖的高邮鸭蛋基本都是腌制过后的咸鸭蛋。目前咸鸭蛋已成为人们佐餐的最常见食品之一，全国各地均有生产，但唯有江苏高邮咸鸭蛋声名最著。高邮咸鸭蛋质沙细腻、红油浮脂，具有“鲜、细、嫩、红、沙、油”六大特点。只需将腌咸的鸭蛋煮熟后，用筷子轻轻一拨，就能看见蛋白如凝脂白玉，蛋黄似红橘流丹，一不留神黄油就会渗出，令人食欲大增。

从鲜蛋到咸蛋，高邮双黄鸭蛋的成功蜕变无疑要归功于当地世代流传、不断精进的传统咸鸭蛋制作工艺。这套制法细致而严格，古以口耳相传为主，分散作业，民间普遍适用、约定俗成。清光绪三十一年（1905年），高邮诞生了第一家蛋品加工企业“裕源蛋厂”，传统手工腌制鸭蛋的技艺自此进入作坊化乃至工厂化阶段，核心传承也开始从“父子相授”向厂内“师徒相授”转变。1909年，由蛋厂生产的高邮咸鸭蛋参加南洋劝业会展览，与会人员尝后交

红油是高邮咸鸭蛋的显著特征
（高邮鸭集团／提供）

高规格的“南洋劝业会”

南洋劝业会，是中国历史上首次以官方名义主办的国际性博览会，由时任两江总督端方于1910年（清宣统二年）6月5日在南京举办，会展占地超700亩，历时长达半年。该博览会成功吸引全国22个行省、14个国家及地区参展设馆，展品约达百万件，中外前来参观的人次超过30万。时人称之为“我中国五千年未有之盛举”。

口称赞，高邮咸鸭蛋的声名开始传至海外，次年便远销美国、日本、新加坡、马来西亚等10多个国家和地区，这也是对高邮咸鸭蛋传统制作工艺工厂化的最大的认可。

那高邮咸鸭蛋传统制作工艺到底是什么？据高邮鸭集团负责人介绍，高邮咸鸭蛋传统制作工艺的技术特点是：“因品制宜”“因时制宜”“合理配比”“辅料多样”。具体流程则至少包括“原料处理”“照蛋敲蛋”“配料”“提浆滚灰”“缸桶腌制”“成熟包装”六个阶段。

原料处理　原料处理包括检查蛋品来源、新鲜度、蛋黄色素、蛋头、哑蛋率、清洁度等。

照蛋敲蛋　照蛋敲蛋的目的在于剔除红蛋、黑蛋、臭蛋、热伤蛋、停黄蛋、头照与二照蛋、气室移动蛋、水花蛋、哑蛋、油壳蛋、沙壳蛋、响子蛋。照蛋敲蛋翻转要自如，手腕要抖动，用力要均匀。

配料　配料分泥基与料液两种，而以泥基为佳。

提浆滚灰　鲜蛋入泥，俗称“滚泥”。草灰翻滚，俗称“滚灰”。“滚泥”“滚灰”是高邮咸鸭蛋传统制作工艺的核心特色。

缸桶腌制　缸桶腌制过程中，由四季温差决定腌制期限。腌制期限的合理数据，是必须把握的重点。

成熟包装　过去多为草木包裹，现在则为真空包装。

（三）数“黄多脂厚”，还看“湖中毛蟹”

高邮湖水域宽阔，水质清淳，水草丰茂，湖中自然孕育有万千“水产”珍藏。在灿若繁星的水族之中，最具特色和知名度的便是“高邮湖大闸蟹”，即当地人俗称的“毛蟹”。高邮湖大闸蟹是“全国十大名蟹”之一，亦是“国家地理标志产品”，它张牙舞爪，长腿长脚，堪称高邮湖水族中的“大长腿”，且集“个大”“肉嫩”“背青”“肚亮”“爪金”“膏红”“腥浓”“味鲜”等多种“才艺”为一身，所以深受美食家们喜爱。每逢秋风乍起，芦荻飘絮，只需在湖水涟漪的高邮湖畔放上几盏诱蟹的明灯，便会目睹大闸蟹“横行”上簖的场景，当真别有一番乐趣。

从“毛蟹”到“闸蟹”

高邮湖大闸蟹，学名为“中华绒螯蟹”，其俗名相当多。过去大部分高邮人称呼湖蟹为“毛蟹”，因掌部内外缘密生金色的绒毛而得名，此名比较形象通俗。近十多年来，随着各地来往的深入，高邮人也遵循时髦叫法，改称湖蟹为“大闸蟹”。

“大闸蟹”名称的来源有很多说法，比较通用的是因捕蟹的工具名叫“竹闸”，即一种用竹子编的簖。每至捕蟹，竹闸上放一盏夜灯，蟹喜光亮，便追逐灯光而三三两两爬上竹闸，捕蟹者就可以在竹闸上轻松捕捉，所以被捕的蟹就称做“闸蟹”，个头大的称为“大闸蟹”。

1. 美味越千年

与高邮湖泊湿地“双姝”（高邮鸭、双黄蛋）相比，高邮湖大闸蟹的知名度似乎稍逊，但实际上，高邮湖大闸蟹的“成名史”亦很悠久。早在北宋年间，高邮湖大闸蟹与高邮双黄鸭蛋同为皇室贡品。而且与鸭蛋相比，湖蟹因其特有的鲜美与极佳的口味，食用群体和受欢迎度也要更胜一筹。中国人大概是世界上最爱吃蟹的民族，梁实秋就曾说过：“蟹是美味，人人喜爱，无间南北，不分雅俗。”

大湖出好蟹：高邮湖大闸蟹（陈加晋／摄）

北宋高邮乡贤秦观以特产咸鸭蛋礼赠师友苏轼，被传为一时佳话。殊不知，时秦观的“礼单”中，重头礼却是“高邮湖大闸蟹”，从其附诗的题目《寄莼姜法鱼糟蟹·寄子瞻》即能看出。诗中有言：“团脐紫蟹脂填腹，后春莼茁事瓶罂。”秦观特地遴选蟹壳为“紫色”的雌蟹，而紫蟹体内比普通螃蟹含有更多的“虾青素”，背壳乌净发亮呈现紫色，煮熟后更是红中发紫，这种湖蟹肥大脂厚、膏红黄多，是优质螃蟹的代名词。

捕蟹（高邮市政府／提供）

历经千年沉淀，高邮湖大闸蟹不仅美味不减，甚至愈久弥香。进入21世纪后，高邮湖大闸蟹先后荣获“全国十大名蟹”称号和获批“地理标志商标”。其余大小荣誉，更是数不胜数。2002年，“高邮湖”牌大闸蟹获中国绿色食品发展中心颁发的

“绿色食品”标志。2005年，“河荡”牌螃蟹、“碧湖”牌螃蟹通过“国家无公害食品”认定。2008年，“王鲜记”大闸蟹获扬城地产“蟹王”称号。2011年，“左岸”牌大闸蟹通过“江苏省无公害农产品”产地认证，“宝湖”牌大闸蟹更是囊括“华东杯”蟹王、蟹后大奖、“江苏名牌产品”“农业部无公害农产品”标志等。

即使放眼至全国的“蟹”氏家族，高邮湖大闸蟹亦是出类拔萃的。贵为民国“北京四大名医”之一、有中医界“南张北施”之称的“国医”施今墨，被后人喻为螃蟹“饭圈”第一人。他吃蟹有方，对各地所产大闸蟹的特点、口味等如数家珍，还将全国螃蟹分为六等，分别为湖蟹、江蟹、河蟹、溪蟹、沟蟹、海蟹。每一等螃蟹中又分若干级，其中一等“湖蟹”中以阳澄湖、嘉兴湖为一级，邵伯湖、高邮湖为二级。江苏盛产螃蟹，省内13市均有特色蟹产，如连云港海蟹、南京固城湖蟹等，而此13大蟹中，公推苏州阳澄湖为魁首、高邮湖蟹为榜眼。阳澄湖蟹、高邮湖蟹的较量，自古就有“南有阳澄湖闸蟹，北有高邮湖大闸蟹”之说。据中央电视台报道，阳澄湖大闸蟹供不应求之时，曾有人将高邮湖蟹重新包装，以“阳澄湖大闸蟹”之名售卖，游客竟毫无察觉，依然赞不绝口，此虽为欺诈盗名之举，但高邮湖大闸蟹的鲜美却是不做假的。

高邮湖大闸蟹之所以能够“美味越千年”，皆因高邮湖优质的水土。正所谓“大湖活水出好蟹”，高邮湖既是“大湖”，更有“活水”。湖水清凉淳口，属弱碱性水质的软水，湖面清澈见底，湖泥丰腴肥沃，含腐殖丰富的浮淤、黏土质淤泥、粉砂等，所以鱼、虾、螺、蚌、蠕等大闸蟹喜食的饲料资源十分丰富。高邮湖蟹乃纯粹的“野生”，自然鲜美不可胜言。目前，高邮湖大闸蟹养殖面积1万多公顷，产量0.52万吨，产值4亿多元。高邮湖大闸蟹除销往江浙沪及及其周边地区外，自2005年起还向韩国大批量出口，价格超出国内的30%之多，这是市场对高邮湖大闸蟹美味的最佳认可。

美味与营养兼备的高邮湖大闸蟹

据测析，每百克高邮湖大闸蟹食用部分含蛋白质14%、脂肪5.9%、碳水化合物7%，营养含量要高于普通湖蟹。此外，还含有维生素A、核黄素、烟酸，超过一般鱼类的营养水平。

2. 文豪赞湖鲜

千年美味，自有万人拥趸。高邮湖大闸蟹，秦观爱食，苏轼好食，曾几唱食，汪曾祺惜食。一桩桩食坛美事之间，他们或作诗传颂，或撰文传扬，一段段千古佳话，绵绵不绝。

秦观对于高邮湖大闸蟹的喜爱自不必说，其"团脐紫蟹脂填腹"的名言至今仍被高邮人不厌其烦地口口相传。苏轼对大闸蟹的喜爱更是赫赫有名，他自诩"老饕"，并在《老饕赋》中描写过六种生平最爱的佳肴，其中两道都是蟹制食品，分别是"霜前之两螯"和"蟹微生而带糟"。某次，苏轼为了满足食蟹口欲，竟甘愿以诗换蟹，并作诗曰："堪笑吴中馋太守，一诗换得两尖团。"诗中的"尖团"指的就是螃蟹。

膏红肉肥的高邮湖大闸蟹（陈加晋/摄）

北宋元祐七年（1092年），苏轼扬州任职。趁此公职，他曾多次品食高邮湖大闸蟹所制成的紫蟹，并作有赞诗："团脐紫蟹脂填腹"，以呼应先前秦观"千里寄鹅毛（醉蟹）"之情。苏轼扬州任上虽仅有半年光景，但与高邮湖大闸蟹的羁绊远不止此。

他生前曾多次亲临高邮湖湿地，与秦观、孙觉、王巩等好友游湖作诗、饮酒品蟹。南宋曾几诗赞："忆昔坡仙此地游，一时人物尽风流。香莼紫蟹供杯酌，彩笔银钩入唱酬。"

因著名京剧《沙家浜》，阳澄湖大闸蟹而名声更著，不过少有人知的是，《沙家浜》的主要执笔人就是高邮乡贤汪曾祺。汪老在小说《黄开榜的一家》有记载道：越塘有时卖呛蟹的来，麻丫头就去买一碗。很小的螃蟹，有的地方叫彭蜞，用盐腌过，很咸。这东西只是蟹壳没有什么肉，偶有一点蟹黄，只是嘬嘬味道而已，但是很下饭。

此段活脱一幅高邮湖湿地区农家的饮食生活场景。最值得称道的是，汪曾祺品蟹、做蟹之余，还擅长画蟹，尤其在亲友相聚、饮酒微醺之时，常捋袖画蟹，以此为乐。

3．浑味天成的"制法"与"吃法"

秋风起，蟹脚痒；菊花开，闻蟹来。早在东汉郭宪所撰《汉武洞冥记》中，就有"食蟹"的记载。当时是将蟹煮制成一种"螯胶"，据说这种螯胶更胜"凤喙之胶"。随着时间的推移，国人逐渐创造出了花样繁多的制蟹和吃蟹之法，宋代高似孙的《蟹略》中就已列出"春蟹""夏蟹""秋蟹""霜蟹"四类，"按季取料，适时推出"，几乎一年四季都可吃蟹。至于高邮湖湿地的制蟹之法、食蟹之道，则带有典型的淮扬风味。

醉蟹 醉蟹是高邮湖泊湿地历史最为悠久，也是最为经典的制法和吃法。古代名士文人往来互赠的高邮湖蟹，几乎都是"醉蟹"。高邮湖醉蟹的制作颇有讲究，选用的个头最好不大，每只80克左右，而历史上苏东坡等人所选用的"紫蟹"，更是不可多得，盖因紫蟹肥美个大，小只的很难寻觅。打捞之后让螃蟹在水中爬上两天，使体内污物排净，再用刷子清除体外的泥垢，放入特制的小坛中，加上适量的烧酒、黄酒、米甜酒、盐、糖、姜等，再将坛子埋入地下。个把月后，坛子一开，酒香、蟹香混合，扑鼻而至，只见蟹壳黝黑中透着紫亮，蟹肉软如酱泥，清凉、鲜美，沁人心脾。

蟹黄汤包 这是江淮地区最典型的制法和吃法。在古代，待到金桂飘香后，高邮湖湿地区几乎每个点心店，都会在门口立一块招牌“定做蟹黄汤包”。一只巴掌大的包子，内藏几小块蟹黄，黄白相间，品相实在诱人，而且蟹香渗入汤汁，味道极鲜。用当地土话形容为“打个嘴巴子也不丢手”。如今，现代人吃蟹黄汤包已无需考虑时令了，随时可大快朵颐。

蟹黄汪豆腐 这也是高邮的一道名菜。将豆腐沥上几次水，没有一点黄泔味，用锋刀削成雪花般大小的片片，加蟹黄一汪，这就是有名的蟹黄雪花豆腐了。洁白的豆腐，碧绿的青蒜花，蟹黄油汪汪，老幼食之无忌。

清蒸大闸蟹 这似乎是全国最为普遍的蟹馔。以高邮湖大闸蟹为原料，采用香醋、姜末等适量调料。将大闸蟹洗净，用绳子捆好，上笼大火蒸15分钟，只见大闸蟹色泽红嫩，香醋和姜末调匀供蘸食，鲜美得让人觉得舌头仿佛已经融化。

醉蟹（高邮市政府/提供）

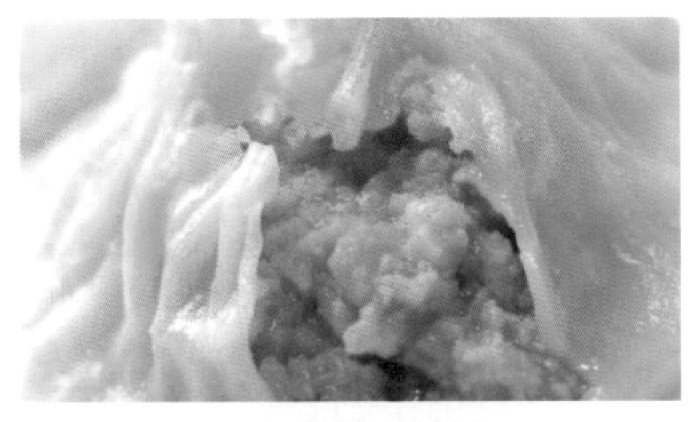

蟹黄汤包（高邮市政府/提供）

蟹黄汪豆腐（高邮市政府/提供）

清蒸大闸蟹（高邮市政府/提供）

（四）千亩珠湖万斤鱼虾

所谓“水边芦苇青，水底鱼虾肥”，大闸蟹虽为高邮湖所孕育的湖中珍馐，但论种群最多、数量最丰的无疑还是高邮湖里的肥鱼大虾。高邮湖湖泥肥沃，天然饵料十分丰富，湖中堪称“鱼族世界”。据《高邮县志》记载：高邮湖内栖息鱼类16科46属63种，其中鲤科37种。主要经济鱼类有鲤、鲫、鳊、鲂、青、草、鲢、鳙、湖鲚，银鱼及鳜、鲶、乌鳢、鳗鲡等20种左右。20世纪50年代是高邮湖鱼产最为鼎盛的时期，仅1957年的捞捕量就达9 952吨。

高邮湖不仅鱼类丰富，而且鱼种珍贵。据乾隆年间李斗《扬州画舫录》记载，当时扬州人对淡水鱼的评价是：“鳊鱼、白鱼、鲫鱼为上，鲤鱼、季花鱼、青鱼、黑鱼次之，鳘鱼、罗汉鱼为下。”上述上、中、下三等鱼类，都能在高邮湖中寻觅到它们游动的身姿。不过早先以鳗鲡、青、草、鲢、鳙等洄游性和半洄游性鱼类为大宗，后因20世纪50年代后上下游相继兴建闸坝，阻断了这些鱼类的洄游通道，从而逐渐形成了如今以银鱼、梅鲚、青虾、白虾为主的水产结构。

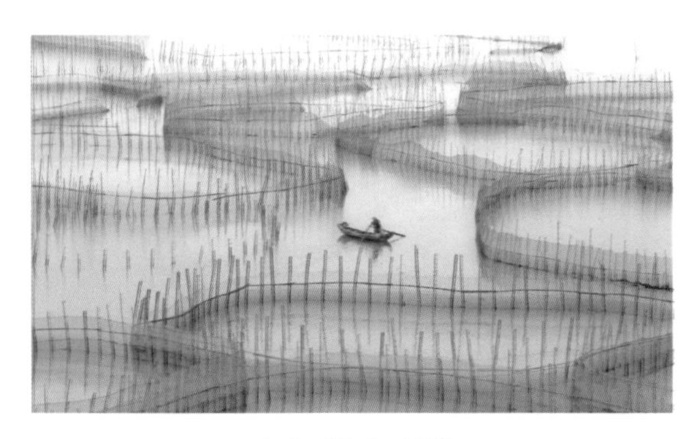
迷宫（许伟／摄）

码头肥鱼一筐筐（赵卫红／摄）

1. 高邮湖银鱼

银鱼形如玉簪，色泽发光似银，故称“银鱼”，亦称“冰鱼”或“玻璃鱼”。银鱼是高邮湖最为名贵的大宗特产，曾在古代被列为皇室贡品，清朝康熙年间翰林院编修汤右在诗中赞曰：“烩残二寸银丝滑，可抵鲈鱼入馔无。”如今则直供人民大会堂宴会。

高邮湖银鱼通体透明，体态纤细，约12厘米；近圆筒形，形似柳叶；后段略侧扁，如晶如玉，整体无鳞无骨。在银鱼“家族圈”里，高邮湖所孕育的银鱼虽然在知名度及产量次于太湖银鱼，但品质却是最上品，比太湖银鱼肥美而膏腴，更比长江银鱼体积小而晶莹，口感也更加清爽润喉，幼儿食而无忌。

2009年，高邮湖银鱼主产区入选“高邮湖大银鱼湖鲚国家级水产种质资源保护区”。保护区总面积4 457公顷，其核心区面积996公顷，实验区面积3 461公顷。核心区特别保护期为全年。主要保护对象是大银鱼、湖鲚，其他保护物种包括环棱螺、三角帆蚌、黄蚬、秀丽白虾、日本沼虾（高邮湖青虾）、鲤、鲫、长春鳊、红鳍鲌、翘嘴鲌、鳜、蠢颡鱼等。

2. 高邮湖梅鲚

高邮湖梅鲚，又称“长刀鱼”，亦是高邮湖水产大宗，与银鱼同列入“国家级”水产种质资源保护种。高邮湖的梅鲚有两个品种，一种是短颌鲚，一种是长颌鲚。长颌鲚与长江刀鱼为同一个品种，区别在于高邮湖梅鲚常年生活在湖区，不会往返长江大海。每年8月前后，高邮湖渔民们以家庭为单位，8个家庭为一组，组成“船帮”结网捕捞梅鲚，一般一网在20～30吨，最多的一网可捕近50吨。

3. 高邮湖“四喜”

高邮湖“四喜”，因四种鱼而得名，有“大四喜”和“小四喜”之分。大四喜分别为青（鱼）、白（鱼）、鲤（鱼）、鳜（鱼）。

高邮湖青鱼　体长，略呈圆筒形，腹部平圆，无腹棱。尾部稍侧扁。青鱼是一种富含蛋白质、脂肪很低的食物，含有丰富的核酸。

高邮湖白鱼　属鲤科鱼类，俗称“大白鱼”“翘嘴白鱼”。白鱼多生活在高邮湖流水及大水体的中上层，游泳迅速，善跳跃，以小鱼为食，是一种凶猛性鱼类。高邮湖白鱼除味道鲜美外，还有较高的药用价值，具有补肾益脑、利尿等作用，尤其鱼脑是不可多得的强壮滋补品。

大四喜可分别制作各式大菜，以青鱼、白鱼制作加工的鱼饼，色泽雪白，味美爽口，实为高邮湖美食之佳肴。小四喜则有昂（刺）、鳑（鲏）、罗（汉）、参（鱼）。小四喜因其体小不易出肉，往往配以水咸菜、花生米等一锅烹煮，数鲜俱全，风味独特。由于“小四喜”均为野生，含有人体所必需的多种氨基酸等营养成分，所以味道特别鲜美。此外，食用昂刺鱼对人体还具有消炎、镇痛等疗效。

4．高邮湖鲫鱼

高邮湖鲫鱼呈流线型（也叫梭型），体高而侧扁，前半部弧形，背部轮廓隆起，尾柄宽，腹部圆形，无肉棱。高邮湖产的鲫鱼肉质细嫩，肉味甜美，营养价值很高，每百克肉含蛋白质13克、脂肪11克，并含有钙、磷、铁等矿物质，苏东坡曾有诗赞："鲜鲫经年秘醽醁。"高邮湖的鲫鱼以2～4月、8～12月的最肥美。2002年，"碧湖"牌、"金荡"牌鲫鱼被评为"江苏省无公害农产品"；2005年，"河荡"牌鲫鱼、"碧湖"牌鲫鱼、"龙虬庄"牌鲫鱼通过"国家无公害食品"认证。2014年，据高邮市农委统计，鲫鱼养殖面积800公顷，产量4万吨。

5．高邮湖甲鱼

高邮湖甲鱼生长在水美草茂、泥藻淤积之处，有"大""厚""团""黑"四大特点。高邮湖的甲鱼不仅裙边大，而且有滋阴补肾、凉血降压之功效，常与多种名贵食材相配成菜，如与童子鸡配成"霸王别姬"，与甲鱼蛋配制成"带子上朝"，与海参配制成"夜战马超"等。

6．高邮湖鳊鱼

高邮湖的鳊鱼，学名"鳊"，亦称"长身鳊""鳊花""油鳊"。高邮湖鳊鱼头小、身大、肥美，具有补虚、益脾、养血、祛风、健胃之功效。2014年，据高邮市农委统计，鳊鱼养殖面积700公顷，养殖产量5 000吨。

7. 高邮湖泥鳅

高邮湖泥鳅可食部分占整个鱼体的80%左右，味道鲜美，营养丰富，蛋白质含量较高、脂肪含量较低，能降脂降压，素有“天上的斑鸠，地上的泥鳅”和“水中人参”之美誉。2014年，据高邮市农委统计，高邮泥鳅养殖面积40公顷，产量为300吨。

8. 高邮湖青虾

高邮湖盛产青虾，青虾学名“日本沼虾”。上缘有11～15个齿，下缘有2～4个齿。体色通常呈青蓝色并有棕绿色斑纹，但常随着栖息环境而变化。高邮湖的青虾比大画家齐白石画的“虾子”更透明，肉质松软，易消化，营养丰富，对身体虚弱以及病后需要调养的人来说是极好的食物。2005年，“横泾河”牌青虾通过“国家无公害食品”认定。2014年，据高邮市农委统计，青虾养殖面积1 900公顷，产量1 000吨。

“珠湖鱼宴”菜单

冷菜

鱼跃龙门、盐水湖虾、酥烤鳜鱼、蟹粉鱼饼、菠萝瓜鱼、夹心鱼糕、葱汁鱼丝。

热菜

太极双鱼、蟹黄鱼羹、鸿运当头、清炖鱼珠、鱼酱茄、软兜长鱼、奶汁鳜鱼、甲鱼裙边、清蒸河鳗。

点心

璧玉虾包、鱼翅金糕、珠湖鱼面。

由于售价较高，青虾目前是湖区渔民主要营收的水产品之一。2017年，高邮湖青虾主产区被列入“高邮湖青虾国家级水产种质资源保护区”。该保护区位于高邮湖西北部水域，总面积4.56万亩，其中核心区面积1.23万亩，实验区面积3.33万亩，主要保护对象为青虾，这是高邮湖继银鱼、梅鲚之后，第三种获得“国家级”殊荣的水产资源。

（五）菱乡特产

珠湖烟波，岸线漫长，在西南湖滨的一处菱花仙陂里，聚居着7 000多名回族人。1988年江苏省政府在当地批准成立了“菱塘回族乡”后，这里一直是江苏唯一的少数民族乡。回族乡民们在世代与汉交好的同时，因地制宜、与水相宜，运用本民族的农业智慧，成功培育或影响了当地多个地方畜禽品种。

1．清波白羽“菱塘鹅”

菱塘鹅由菱塘回族乡的回族人所培育，是当地人最重要的畜禽和肉食来源。走进菱塘，只要三步一停，便会发现或在农家庭院、或在屋后草地、或在路旁池塘中，必有几只白鹅在悠闲摇摆。

菱塘居民大部分都有养鹅的传统，养鹅历史可追溯至元朝，后兴于明朝，又盛于清朝乾隆年间，因此菱塘也有“养鹅之乡”的美誉。从历史上看，养鹅似乎也是最佳的选择。因为高邮湖南岸虽是丰草沃土，但由于三面环水，湿地居多，牛羊等大中型家畜饲养不易，而这种草长荡滩之地，却十分适合鹅鸭等水禽的生长繁衍。不过大多水乡泽国，多以养鸭而不是养鹅为主，因为鸭较鹅的饲养难度较小，耐粗性较强，作为“鸭乡”的高邮大部分湿地区也是如此，唯有在菱塘，虽也养鸭，但多以养鹅为主。

菱塘风鹅（高邮市政府/提供）

菱塘鹅白羽红冠、碧眼玉蹼，仪态华贵而典雅。这些白鹅的一举一动也颇有优雅之风，有时浮于萍花汀草之间探首啄食，俯仰之间的弧度张弛得体；有时行于莺飞草长丛中，步伐不紧不慢，从容有致，似有绅士风范。

与一般家鹅相比，菱塘鹅个头较大，具有生长速度快、瘦肉率高、肉味鲜美等特点。2008年，菱塘养鹅超过120万只。近年来，当地菱塘鹅的数量已超过200万只。由于菱塘鹅品质较为优良，除外销周边地区外，还曾远销过上海、山东等地。

实际上，与作为禽类的菱塘鹅相比，作为食品的菱塘鹅更加有名。菱塘当地居民吃鹅尤其多，当地有“喝鹅汤，吃鹅肉，一年四季不咳嗽”的说法，鹅肉含有人体生长发育所必需的各种氨基酸，其组成接近人体所需氨基酸的比例。从生物学价值上来看，鹅肉是全价蛋白质。鹅肉中的脂肪含量较低，仅比鸡肉高一点，比其他肉要低得多。

菱塘鹅的烹饪手法十分丰富，或红烧，或做汤，或白卤，或清蒸，食法林总不一，甚至有人还创造出了“全鹅宴”。不过当地最普遍同时也是最知名的制法还是将菱塘鹅做成“风鹅”或“板鹅”。当地居民历来有制作咸鹅的传统，大体过程为：将菱塘鹅宰杀后，去除内脏，先用冷水浸泡、晾干，然后经过腌制、风干、入卤、挂晒等一系列工序，最后形成风味独特、色香味美的佐餐佳肴，据说菱塘鹅曾在清乾隆时期被选为宫廷贡品。

菱塘还举办过两次“清真老鹅节”。正如清代美食家袁枚所说：“凡物各有先天，如人各有资禀。……物性不良，虽易牙烹之，亦无味也。”从菱塘鹅“种”到菱塘鹅“食”，是优质地方品种与特色制法的经典结合。

2．昂头翘尾“菱塘鸡”

菱塘鸡，因母鸡毛色大都似麻雀毛，又称“菱塘麻鸡”，是由菱塘回乡回汉民众经过长期自繁自育选择而成的肉蛋兼用型鸡，也是高邮地区最常见的鸡种。20世纪50年代，江苏省开展畜禽资源调查时，确定菱塘为菱塘鸡的原产地，遂以产地“菱塘”正式命名为菱塘鸡，并将其列为省内地方良种。后由江苏农学院育成的地方名种“新扬州鸡”就含有菱塘鸡的血统。

菱塘居民采用散养菱塘鸡的喂养方式。早晨开笼放鸡，任由鸡群四散觅食，为避免多家鸡群相混，便在自家鸡的脚上做上标记，方便辨识回笼。菱塘回民对菱塘鸡的看护喂养虽不如菱塘鹅一般精细，但一失一得，反倒极大地激发了菱塘鸡的“野性”。广阔的湿地草场，使得菱塘鸡逐渐形成了强健的体魄和较强的觅食能力。除常规防疫外，菱塘鸡群不使用其他药物，也从未发生过烈性传染病，对球虫、白痢病的抵抗力尤强。菱塘鸡大多性情撒欢，与其他鸡种相比，菱塘鸡虽个头不大，但胜在体型健美、神态灵活。有些胆大的菱塘鸡，甚至不惧生人，不改其“昂头翘尾”的神气仪态，这样的家鸡制成各种食品后，自然鲜不可言、劲道美味。

菱塘鸡可分为大小两个类型，大型体重可达3千克左右，小型的一般在2千克左右，目前大型的已不多见，以小型为主。

母鸡 母鸡体呈V型，体态轻盈，多为1.25～2千克，行动敏捷。性成熟期平均为195天，开产日龄163天。菱塘鸡500日龄平均产蛋145枚，蛋重平均53克，壳棕红。总体而言，产蛋率一般，这与其散养为主、蛋白质饲料摄入较少有很大关系，因为高邮湖湿地虽动物性饲料资源丰富，但大多分布在水域中，导致菱塘鸡寻觅虫类饲料的难度很大。

依据羽毛色泽的深浅，母鸡又可分为深麻和浅麻两个类型：深麻，体型偏小，体重约1.75千克。羽毛紧凑，头面部清秀，颈部和尾部羽黑色，背、腹部羽毛黑黄相间。浅麻，体型偏大，重约2千克。羽毛略松，唯颈部羽呈麻雀毛色，头、背、腹部羽毛黄色。

公鸡　公鸡羽毛黄红色，尾羽黑色发亮，单冠，嘴黄褐色，黄皮肤，黄腿黄脚，平均体重为2～2.5千克。菱塘公鸡配种能力较强，在公母比1∶15的情况下，平均受精率为61%，受精卵孵化率平均为86.6%，42日龄育成率平均为92%。

七 遗产保护：高邮湖泊湿地农业的未来之路

高邮湖泊湿地是美丽的、引人注目的，它的优美就在于“天人合一”，而这样合一的理念就来自于人的目的性与自然规律的统一。高邮湖湿地的先人们为了生存和发展，不仅利用湿地的特殊性来建造湿地性农业，同时改造自然创造农业生产、生活的文化内涵。不单如此，高邮湖泊湿地还承载了当地农民长久的生计问题，种植业、农产品加工业、旅游业成为了人们的主要收入来源；同时区域内千余种常绿植物的有机结合，构成了良好的生态环境，也为众多动物提供了栖息地，保持着较好的生态系统和丰富的生物多样性。

然而，随着近年来经济不断发展，当地资源被过度索取，湿地资源、水资源等在逐年恶化、减少。根据高邮湖相关数据统计，从2009年至2013年，高湖水体的COD值从6.30毫克/升增加到13.41毫克/升，成倍增长，而且水体透明度数值过低。同时由于大量使用化学农业、除草剂等，湿地土壤的质量受到严重冲击，当地的特色物种因集约化的经营和规模化的生产面临着生物基因资源丧失的威胁。此外，旅游业的快速发展导致很多青壮年劳动力放弃了对农田的管理，投身到利益较多的第三产业当中，传统的农业生产方式及生活状态遭受极大的打击。

高邮湖泊湿地农业的未来之路令人堪忧，如若我们不加以重视和保护，那么这一独特的土地利用系统和农业景观将不复存在。

（一）资源流失，忧思困境

在开创湿地农业之初，当地的农民恪守本分，日出而作日落而息，过着自给自足的小农生活。但随着人口的极速增加，村民就必须开垦出更多的农田来维持生活。因此出现了围湖垦殖的高潮，大量的湖泊被覆盖，众多的草地被清理，许多优质资源失去了赖以生存的环境。另外，集中化的养殖鱼虾等当地特色物种，导致其水质资源、土地资源遭受严重污染，以至于在实地调研过程中，不少农民声称："野生的鱼、蟹、虾都已经很难再找到了。"

1．生态环境遭受破坏的威胁

自20世纪50年代以来，由于治淮效益显著，我国出现了三次围湖垦殖的高潮。当地农民为了扩大耕种面积，将湖泊的浅水草滩用泥土覆盖上，又或让两、三个湖水相隔的耕地连成一片。虽然垦殖面积扩大不少，但直接导致了湖泊蓄水容积的减少，使得湖泊蓄泄功能严重缺失。高邮湖泊在水利方面起着接纳长江水的作用，湖泊面积的减小，长江水没有足够的空间分流，很容易造成洪灾。

对照表12湖营养化程度数值，根据高邮湖相关数据统计，从2009年至2013年，高湖水体的COD值。COD（Chemical Oxygen Demand）是以化学方法测量水样中需要被氧化的还原性物质的量。废水、废水处理厂出水和受污染的水中，能被强氧化剂氧化的物质的氧当量。在河流污染和工业废水性质的研究以及废水处理厂的运行管理中，它是一个重要的而且能较快测定的有机物污染参数，常以符号COD表示。高邮湖水的CDD值从6.30毫克／升增加13.41毫克／升，成倍增长，最大值在2011年达到14.5毫克／升。而且水体透明度数值

高邮湖水体污染（陈圆圆／提供）

过低，总氮浓度也一直高于Ⅰ类水质标准。分析其主要原因是生活污水的排放、农药化肥的使用以及河虾鱼蟹的养殖，致使高邮湖水体富营养化和水质恶化较为严重，当然也与外来入湖河水的水质情况有关。如不及时加以治理，水体的恶化同时也会影响了水生动、植物种类发生变化，有些种群几乎绝迹，破坏了繁殖、肥育的生态条件，使湖区水产资源受到极大损害。

表12 湖水的营养化程度

程度	总氮（毫克／升）	透明度（米）	COD（毫克／升）
贫	<0.4	>4.0	<0.96
低	0.4至0.6	2.5至4.0	0.96至3.60
中	0.6至1.5	1.0至2.5	3.60至14.00
富	>1.5	<1.0	>14.00

2. 传统生产方式后继无人

在高邮湖泊湿地农业生态系统中，不得不提的就是当地特有的“鸭—稻—鱼”的生产方式。所谓“鸭—稻—鱼”生产模式即每年春天，谷雨季节的前后，农村居民把秧苗插进了稻田，鱼苗也跟着放了进去，等到鱼苗长到两三指长，再把鸭苗放入稻田。稻田为鱼和鸭的生长提供了生存环境和丰富的饵料，鱼和鸭在觅食的过程中，不仅为稻田清除了虫害和杂草，大大减少了农药和除草剂的使用，而且鱼和鸭来回游动搅动了土壤，无形中帮助稻田松了土，鱼和鸭

的粪便又是水稻上好的有机肥，保养和育肥了地力。

然而如表13、表14所示，随着城市化进程的加快，当地居民为追求地区经济的发展，当地传统的农业生产方式朝着“现代化”转变。集约化的经营和规模化的生产使得当地的“鸭—稻—鱼”生产模式受到冲击，传统生产方式面临流失的危险。另外，一些受过高等教育的年轻人向往大城市的生活，不太愿意在农村从事相对劳累的湿地农业生活，继而相继外出打工。目前，高邮湖泊湿地农业劳动力基本都是年龄在50岁以上的老人，根据笔者走访调查，还有70多岁的老人在湖面养殖鱼虾。随着这批老农的衰老，高邮湖泊湿地的传统农业生产后继无人成为了摆在我们面前的一个严峻的问题。

表13　2012—2016年高邮市水产品生产情况

项目	2012	2013	2014	2015	2016
精养鱼池面积（万公顷）	1.68	1.69	1.73	1.60	1.61
罗氏沼虾面积（万公顷）	0.89	0.90	0.90	0.90	0.89
养殖产量（万吨）	16.25	17.00	16.90	18.39	18.67
捕捞产量（万吨）	2.53	2.82	2.81	2.42	2.67

表14　2012年高邮鸭连片特色产业基地投资项目情况表

项目名称	项目类别	占地面积（公顷）	项目地点
高邮鸭科技示范园	规模畜禽养殖	666.67	郭集镇
高邮鸭养殖基地	规模畜禽养殖	20.00	高邮镇
市富达养鸭基地	规模畜禽养殖	10.00	车逻镇
高效畜牧养殖	规模畜禽养殖	13.33	马棚镇
红兴旺鸭业示范基地	规模畜禽养殖、农产品加工、产加销一体化	21.33	菱塘回族乡村

3．传承与现代生活的矛盾

青壮年劳动力流失这一社会现象引发出了另一个重要问题，那就是高邮湖泊湿地农业文化以及社会风俗习惯的传承和现代生活之间出现了矛盾。由于受到现代文明的冲击和旅游业的影响，高邮湖当地农民的传统观念有所减弱，甚至在采访过程中有农民说出："当农民没出息。"等此类话语。而且当地的一些传统的风俗活动也已经不再举办或是很少举办，又或者仅仅为经济效益而进行形式化演出。许多遗产要素已经商业化，有的甚至打着经济利益至上的口号，破坏当地传统文化内涵。总之，整个高邮湖泊湿地的农业文化内涵在逐渐"稀释"，在

成为古董的传统农作工具（陈圆圆／提供）

机械化大行其道（高邮市政府／提供）

湿地劳作和乡村生活中形成的民间信仰、民风民俗等非具象的、意识形态方面的遗产已经受到现代化的挑战。

（二）政府牵头，科学规划

那么，想传承农业文化遗产就势必要让农民做出牺牲吗？诚然，保护农业文化遗产与农民生产生活方式是相辅相成的，我们可以处理好两者之间的矛盾，相互调和，特别是能够让农民得到相应的经济实惠，就不难想象农民对保护农业文化遗产的支持和配合，这样高邮湖泊湿地农业系统的发展规划才有了坚实可靠的基础。

面对高邮湖泊湿地多样化的文化遗产和巨大的发展价值，政府已经开始着手梳理、挖掘此地的物质与文化资源，并开展了一系列的实际行动。面对发展中所存在的问题，当地政府积极面对，运用一双看不见的手来出谋划策。

1. 编制高邮湖湿地的保护与发展规划

编制农业文化遗产保护与发展规划，是申报农业文化遗产的基础，也是有效实施保护措施的前提。制订以高邮湖湿地保护的管理理念为基础的保护计划，辅以各种特色农产品工艺及文化的深度挖掘，如高邮湖湿地的保护、动植物资源的利用和管理方式，以及菱塘回族乡地区的生物多样性和文化多样性等。在规划中，明确高邮湖湿地农业系统保护区的范围，全面分析社会经济与自然生态条件以及保护所面临的优势、劣势、机遇与挑战，提出保护与利用的目标与原则，确定保护与建设的内容与项目。

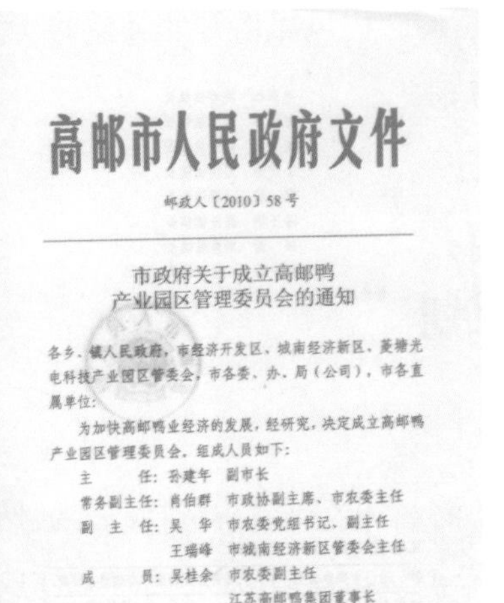

高邮市人民政府文件

邮政人〔2010〕58号

市政府关于成立高邮鸭
产业园区管理委员会的通知

各乡、镇人民政府，市经济开发区、城南经济新区、菱塘光电科技产业园区管委会，市各委、办、局（公司），市各直属单位：

为加快高邮鸭业经济的发展，经研究，决定成立高邮鸭产业园区管理委员会，组成人员如下：

主　　任：孙建年　副市长
常务副主任：肖伯群　市政协副主席、市农委主任
副 主 任：吴　华　市农委党组书记、副主任
　　　　　王瑞峰　市城南经济新区管委会主任
成　　员：吴桂余　市农委副主任
　　　　　　　　　江苏高邮鸭集团董事长
　　　　　杨金辉　市城南经济新区党工委副书记

-1-

市政府关于成立高邮鸭产业园区管委会的通知（高邮市政府／提供）

高邮市人民政府文件

邮政发〔2012〕164号

市政府关于设立高邮鸭自然保护区的通知

各有关乡镇人民政府，市各有关委、办、局：

高邮鸭是历史形成并留给我市人民的宝贵财富，具有许多独特而优秀的生产性能，尤以善产双黄蛋而驰名中外，不仅是我市的特色产业，更是我市重要的对外交流名片。

自1975年以来，我市一直承担着高邮鸭的资源保护与良种繁育、推广任务，2002年高邮鸭被列为《国家畜禽品种资源保护名录》，2008年高邮市高邮鸭良种繁育中心被农业部认定为国家级高邮鸭保种场。根据国家种畜禽资源保护条例和省业务主管部门的要求，为切实保障高邮鸭的种群安全，进一步扩大良种供应能力，迫切需要在异地建立高邮鸭自然保护区，经多方

1

市政府关于设立高邮鸭自然保护区的通知（高邮市政府／提供）

2．挖掘高邮湖湿地传统农业生产技术

当今主流的农业生产模式是农业发展中的阶段性产物，还未经过系统的检验，有些模式在提高生产力的同时也对当地的生态环境造成不可想象的影响，有些甚至威胁到了生物多样性和人类的生存。而那些存在了上千年的农业文化遗产，其中合理的内核，尤其值得我们认真挖掘、保护、研究和提高。对高邮湖泊湿地农业系统及其传统农业生产经验的保护应该是保护的重中之重。作为传统农业生产经验的实质，它所强调的是天人合一的可持续发展，在依靠自然的基础上，巧用自然，从而实现对自然界的零污染。这些高超的智慧与经验主要有60、70岁以上的老人们掌握着，而这群社会人士应该成为调查和保护的对象。因此可以利用口述史、多媒体技术等方式，将流传千年的高邮湖泊湿地农业生产技术全面记录下来、传承下去。

传统农耕与自然的契合（高邮市政府/提供）

3. 积极申报全球重要农业文化遗产

自从联合国粮农组织（FAO）在2002年提出全球重要农业文化遗产（GIAHS）项目之后，我国在这些方面开展了卓有成效的工作。目前为止，我国浙江青田稻鱼共生系统和江苏兴化垛田传统农业系统等12个传统农业系统已名列其中。GIAHS对农业文化遗产的保护和当地经济发展的作用是显著的。以江苏兴化垛田为例，该农业系统在2014年成功申报GIAHS后，其所在地成了世界闻名的乡村，每天都有慕名而来的游客参观，当地特有的农业景观、风俗文化等成为当地旅游发展的基础，仅2017年当地的旅游业收入达到百万以上。农业旅游发展的同时，还带动当地周围城镇的第一、第二产业的发展，促进了当地经济的提升，农民的生活水平显著提高。虽然里下河地区的高邮湖泊湿地农业系统又入选中国重要农业文化遗产，但高邮湖湿地距离兴化垛田才六十公里，对比之下，高邮湖湿地农业系统的景观地貌和生物多样性的有机系统是基本符合GIAHS的。继而应把高邮湖湿地农业系统的发展目标立足于此，按照全球重要农业文化遗产的标准要求自己，这样才能为后代留下一份宝贵的财富。

4. 继承和弘扬高邮湖湿地农业文化

进一步挖掘高邮湖湿地地区的民俗习性，加强保护和传承，要积极寻找高邮湖农业物质文化遗产与非物质文化遗产之间、非物质文化遗产之间内在关联性，强化文化资源组合，实现相互借力，相得益彰，形成1+1>2的优势叠加效应。首先，可以利用已建或在建的各类文博馆、纪念馆，集中展示相关的非物质文化，使得两者交相辉映。经验证明：大规模的有专业特色的商品市场建设是发展旅游产品的重要环节。对旅游产品而言，首先，由于旅游购物在时间上的限制，专业特色商品市场的建设更为重要。其次，进一步加强“中国重要农业文化遗产”项目与高邮湖湿地旅游产业的融合，更多互动，增加民俗旅游的吸引力，这种在保护基础上的发展利用，才是最具文化延续性和创造力的保护。利用旅游景区人流大的特点，展示相关的农业文化遗产，旅游商品可以通过

舞动生活（孙珉/摄影）

发展和改进推销、促销策略和手段，向更大的市场层面拓展。大力宣传，提高旅游商品的知名度，多渠道、多形式营销。旅游商品的宣传需融合到各主要旅游区和地区的旅游整体形象宣传之中，进行总体策划、科学促销。

5．制定扶持政策，推动高邮湖湿地农产品相关产业发展

政府部门在农业文化遗产保护中的主导决策地位是不可否认的。农业文化遗产是一个公共产品，在市场经济中相对弱势，如果单纯依靠市场行为，农业文化遗产很快就会消失。因此政府有责任制定一系列政策措施，进行妥善保护和利用。目前的经济条件下，从事传统农业必须付出高成本，这些成本需要整个社会来消化，因此需要得到额外的支持。农业文化遗产的价值取决于当下农业的政策取向，如果农业依然是以温饱为目标，那么农业文化遗产的功能就会单一。如果农业还需要承担其他功能，那么遗产的价值就会逐渐扩大，政策的取向决定了遗产功能的大小。

政府要抓高邮湖泊湿地农业系统的相关科研，推动当地农产品加工产业发展；要抓政府政策，做大农产品产业规模；要抓宣传推介，加强休闲农业及乡村生态旅游建设。依据高邮市农业局对湿地特色农业发展，高邮湖泊湿地农产品要有重点“亮点”项目，产品质量要由大众化、普通化产品转变为适应市场多样化需求的无公害产品、绿色产品、有机产品。近年来，“高邮咸鸭蛋”已获得国家地理标志产品保护，“高邮鸭蛋”获得国家证明商标，高邮鸭养殖也是全国唯一的“养鸭标准化示范县”，同时高邮有世界上唯一的“中国鸭文化博物馆”一座。2011年5月“苏邮1号”蛋鸭通过国家品种委员会新品种审定。近几年来，“苏邮1号”蛋鸭每年推广量均在300万只以上。

（三）多方参与，共同传承

传承和保护好高邮湖泊湿地农业系统有着广阔的发展前景，从其他遗产保护地的有效经验来看，在高邮湖泊湿地农业系统在保护发展过程中，不只是需要政府的规划与参与，更多的还需要多方参与，需要大家一起为高邮湖泊湿地农业系统出谋划策，共同传承这一方水土。

1. 适当让当地农民融入一二三产业

农业文化遗产实质上是一个农业生产系统，农户是其真正的“主人”，遗产保护说到底是要保护好其传承人——农户。而在现实中，纯农业户的生计资本值和家庭年均收入最低，说明农户单纯从农业生产上获得的收益很少，低收益的农业经营很难具有可持续性。

加强农业文化遗产保护首先要大力提高农户的农业经营收益，适当让当地农民融入一二三产业当中，延长农业价值链和产业链，拓展农民的就业状况和增收渠道。例如，在高邮湖泊湿地农业系统中，一方面，农户要专注于高邮湖泊湿地的地理标志保护，采用绿色生态无公害种植以及坚持传统农作技艺。在坚持传统技艺的同时，积极改造湖泊湿地，建立生态园。农户要将高邮湖泊湿地最具特色的传统制作技艺传承给后代，使其得以流传和发扬光大。

另一方面，广大农民应该联合起来共同建旅游园，吸引游客前来旅游。让游客亲身参与到农业体验中，在不破坏当地生态环境的同时增加农民的收入。

2．鼓励民间组织、媒体和社会公众积极参与监督

高邮湖自古以来就闻名遐迩，留下了非常丰富的文化遗迹和无形的文化资源，构成了规划区发展旅游的宝贵财富。因此一些社会团体更要注重高邮湖泊湿地农业文化系统的文化传承。

针对高邮湖湿地农业系统核心的保护，可以鼓励民间组织、媒体和社会公众积极参与监督。通过编制并提供有关湿地农业系统类的免费图书以及影片、开展非组织间的交流、召开讲座等方式让更多的人深入了解农业文化遗产保护的重要思想。并且在这些社会团体中挑选出具有优秀表达能力和组织能力的个人，作为农业文化遗产保护活动宣传者，既减少了沟通中存在的障碍，深化了宣传者对农业文化遗产的理解，又监督了农业文化遗产保护工作的可操作性和落实情况。

3．合理引进工商资本进入高邮湖泊湿地农业系统

企业在高邮湖泊湿地农业文化遗产保护中是不可缺少的一环，企业应该将重心放在以下几个方面。一是产品开发，对特色产品进行深加工，不要将鱼虾蟹以及高邮鸭局限于食品类。企业可以与科研机构合作，将特色产物提取物与名贵药材融合，推出新型保健品，拓宽其衍生品加工。二是品牌创建，以突出特色产品功效及历史文化为特点打造品牌，使用线上线下同时销售，增加销售量和品牌知名度。三是市场宣传，旅游公司增加相关的宣传，如在人流量大的公共场所摆放和张贴高邮湖泊湿地农业文化遗产的宣传手册和相关产品的广告等。

鸭文化节与羽绒服装企业的引入（高邮市政府/提供）

4. 联合高校共同教育，弘扬传统农业文化

在社会的极速变迁中，从乡土社会进入现代社会的过程中，我们在乡土社会中所养成的生活方式处处产生了流弊。从社会发展进程来看，高邮湖地区的传统农业技术已经不适合现代农业发展的需求，传统的耕作知识、技术以及风俗文化，对于现代农业技术而言，其影响和作用日渐式微，传统文化与现代农业越发成为两个独立的个体。因此，必须加强政府宣传和高校专家教育，将高邮湖地区传统农业文化中“三才”思想，即人与自然、人与动物和谐相处的共生理念扎根于当地农民的心中，特别是年轻农民的内心，让他们自觉提高文化意识和对高邮湖地区文化的认同感，并主动地投用到现代农业生产实践当中，这样就能从思想上对高邮湖泊湿地农业系统产进行保护和传承。

5. 依据中央文件，联手打造田园综合体

2015年中央一号文件明确提出“积极开发农业多种功能”“推进农村一二三产业融合发展”，2016年一号文件强调“加强乡村生态环境和文化遗存保护”“开展农业文化遗产普查与保护”，2017年一号文件提倡“建设一批农业文化旅游‘三位一体’”“一产二产三产深度融合的特色村镇”。实践表明，将农业文化遗产的多重价值与产业发展相结合，是能够提高农村居民收入并带动当地经济效益。

随着农业遗产相关产业的发展，新型行业的出现成为农村经济和农民增收的增长点。但是乡村可以发展的产业选择不多，比较有普遍性的只有现代农业和旅游业两种主要选择。农业发展带来的增加值是有限的，不足以覆盖乡村现代化所需要的成本。因此，可以选择田园综合体的发展模式，将高邮湖泊湿地农业系统依托城市、服务城市，强调人与自然和谐发展带动农业从单一第一产业往二三产业延伸。尤其注重将乡村景观与休闲旅游综合开发相结合，运用高邮湖区的农林牧渔资源结合自然生态资源，营造优美独特的田园景观、山水景观、农耕文化景观，将生态农业与休闲旅游进行合理结合，打造集生态、休闲为一体的田园综合体，能够一站式满足游客全方位的旅游体验需求。

欢歌起舞（萧亚飞／摄）

附录

江苏高邮湖泊湿地农业系统

附录1 大事记

新石器时代

距今7 000年左右，高邮湖泊湿地诞生龙虬庄文明，龙虬先民开始栽培水稻。

距今5 500年左右，高邮湖泊湿地龙虬先民开始有意识地选育优化水稻品种，为江淮东部地区最早。

春秋时期

高邮属吴国邗沟地。据文献记载，高邮湖区有两座较大的湖泊，分别是“樊梁湖”与“津湖”。

公元前486年，吴王夫差开凿邗沟，高邮湖区内部水系开始联通，并成为沟通长江与淮河的重要运道。

战国时期

公元前475年，越国并吴国，高邮（含高邮湖湿地，下同）属越国。

公元前306年，楚国灭越国，高邮属楚国。

公元前223年，秦国灭楚国，高邮属秦国。同年，在此筑高台、置邮亭，故名“高邮”，开启了高邮长达2 000多年的建城史。

秦汉时期

秦始皇二十七年（公元前220年），秦始皇筑驰道通海滨，经过高邮。

汉高祖六年（公元前201年），分置高邮县（含高邮湖湿地），开启了高邮县级政区建制之始。

东汉顺帝永和年间（136—141年），陈敏沟通高邮湖区的樊梁湖与津湖水系。

魏晋南北朝

三国时，高邮属广陵郡，先属魏，后属吴。高邮湖区为孙曹兵争之地，致湖区运道不畅。

西晋时，复高邮县，属临淮郡。

东晋时，高邮县属广陵郡。

隋唐时期

隋时，高邮县先属吴州（不久改称扬州），后属江都郡。

隋大业元年（605年），炀帝征发淮南十万民众，再开邗沟，与邗沟水系相连的高邮湖区运道再度畅通。

唐元和三年（808年），李吉甫出镇淮南，为官三年期间，在高邮湖区兴建七座陂塘，灌溉田亩数千顷，高邮湖区“鱼米之乡”的景象初现。

五代十国时期

高邮县先后属南吴江都府、南唐东都（扬州）、后周扬州大都督府。

西山丘来水汇聚致使高邮湖区水位抬高，并逐渐漫过人工河渠，甓社湖（今高邮湖中部位置的一面湖泊）东岸边上形成一个新湖泊，宋朝开始称其为“新开湖”。新开湖东南水系与漕河相连，在湖区大小湖泊联并之前，一直是湖区最大的一面湖泊。

两宋时期

北宋开宝四年（971年），置高邮军，直属京师，辖高邮县。

北宋熙宁五年（1072年），罢高邮军，高邮县属扬州。

北宋神宗元丰年间（1078—1085年），高邮湖区始有“五大湖”之说。五大湖分别为：新开湖、甓社湖、珠湖、平阿湖、张良湖。

北宋皇祐元年（1049年），孙觉（1028—1090年，江苏高邮人，北宋文学家）在甓社湖边苦读，夜遇湖中神奇珠光，当年秋闱高中。至此，“甓社珠光”被奉为祥瑞美谈，后人竞相前往，只为求珠光一见。

北宋嘉祐年间（1056—1063年），程节（生卒不详，江西鄱阳人，北宋政治家）专程从景德镇赶至甓社湖寻珠，有幸目睹，当年秋闱果然高中进士。

北宋熙宁七年（1074年），苏轼（1037—1101年，四川眉山人，北宋文学家、书法家、画家）初来高邮吊唁好友邵迎（？—1073年，江苏高邮人，北宋文学家），期间，在孙觉陪同下一起游览了高邮湖。之后，苏轼又至少四次莅临下榻高邮，其中三次（熙宁七年、元丰二年、元丰七年）去了高邮湖湿地，游湖品食、煮酒论诗。

北宋元丰元年（1079年），秦观（1049—1100年，江苏高邮人，北宋词人、文学家）将高邮湖大闸蟹、咸鸭蛋、风鱼、蛤肉酱等近10种高邮湖湿地农产品相赠于苏轼，开创了以高邮湿地农产礼赠师友的先河。

北宋元祐元年（1086年），复置高邮军。

北宋元祐七年（1092年），苏轼任扬州知州，不忘15年前秦观赠礼之情，将与当年同样的高邮湖湿地农产品复赠给秦观。

南宋建炎二年（1128年），黄河开始夺淮南侵，并历时661年。期间，高邮湖湿地深受黄淮洪灾之苦，地貌格局与农业生产经历大变。

南宋建炎四年（1130年），升高邮军为承州，领承州、天长军，辖高邮县与兴化县。

南宋绍兴五年（1135年），废高邮州，高邮县属扬州。

南宋绍兴三十年（1160年），复置高邮军，仍领高邮、兴化二县。

元明时期

元至元十四年（1277年），置高邮路，辖高邮、兴化二县。

元灭宋（1279年）后，屯戍高邮湖南滨“回回湾”一带的回军下马与民编同，军屯区逐渐演变成了回民聚居村落，此为今“江苏省菱塘回族乡”的发端。至此，高邮湖湿地农业文明多了一抹回族风情。

元至元二十年（1283年），改为高邮府，辖高邮、兴化、宝应三县，属扬州路。

元至正十四年（1354年），张士诚在高邮建都，国号大周。

元末，不断有回民前来高邮湖畔的菱塘避乱衍居，并逐渐形成了“杨、薛、沙、李”四大姓。

明洪武元年（1368年），置高邮州，领兴化、宝应二县，属扬州府。

明正统二年（1437年），淮河泛涨漫流，黄淮水灾第一次真正威胁高邮湖区。

明正德六年（1511年），黄河经洪泽、宝应二湖，倾泄注入高邮湖湿地区。自此，湖区诸小湖扩大、连片进程进一步加快，从“五湖”演变为“五湖十二荡”。

明隆庆年间（1566—1572年），高邮湖区各大湖泊联并为一个大湖，并以“高邮湖”之名统称，高邮湖蓄洪能力达到极限。

明神宗即位（1572年）后，高邮湖湿地深受洪灾肆虐，农业设施和生产遭毁灭性打击，湖区由“鱼米之乡”退化成“灌苇漪泽之乡”。

明代后期（1572—1644年），高邮湖湿地乡民积极抗洪保农，通过排水疏水、变更稻作、发展“稻田养鸭”（今稻鸭共作的雏形）等方式，使得农业生产重新焕发生机，高邮湖泊湿地农业趋于成熟。

清时期

清顺治元年（1644年），置高邮州，属扬州府，不久遂为散州。

清康乾时期（1662—1795年），淮灾平均三年一发，高邮湖湿地水产业与鸭业发展至古代巅峰。

清乾隆五十七年（1792年），袁枚（1716—1798年，浙江杭州人，诗人、散文家、文学评论家、美食家）所著的《随园食单》出版，高邮双黄鸭蛋被收录其中。

清嘉庆时期，高邮湖湿地开始大兴圩田。嘉庆十九年（1814年），挑浚下河，两岸出地数尺，岸下围田千亩。至此，湖区圩田基本取代传统水田，稻植圩上，湿地稻作达到现有规模。

清光绪三十一年（1905年），高邮第一家蛋品企业裕源蛋厂问世，高邮咸鸭蛋腌制技术开始实现工厂化。

清宣统元年（1909年），高邮双黄鸭蛋参加南洋劝业会陈赛，获国际名产声誉。

清宣统二年（1910年），高邮双黄鸭蛋远销美国、日本、新加坡、马来西亚等10多个国家和地区。

中华民国

民国元年（1912年），废高邮州为高邮县。

民国时期，高邮湖湿地乡民将“稻田养鸭”的经验应用到湖面养殖，大规模实行“鱼鸭混养”和“鱼蟹混养”。以稻、鸭、鱼、蟹

结合为核心的高邮湖泊湿地农业生产方式固定下来，一直沿袭至今。

民国时期，食蟹美食家、民国“北京四大名医”之一的施今墨将全国螃蟹分为六等、若干级，高邮湖大闸蟹被评为一等二级（仅次于阳澄湖和嘉兴湖）。

中华人民共和国

1949年1月19日，高邮解放，仍置高邮县。

1952年，高邮湖湿地上游兴建三河闸，高邮湖由天然湖泊逐渐变成人工调节的集农业、饮用水、蓄洪、航运综合利用的湖泊。之后，高邮湖湿地上下游先后兴建王港闸、万福闸等多个闸坝。

20世纪50年代，高邮民歌《数鸭蛋》唱进中南海，得到毛主席、周恩来总理的赞誉。

1957年，高邮湖湿地水产捕捞量达到9 952吨，为历年峰值。

1981年11月至1982年10月，江苏省水产局组织开展高宝邵伯湖（即高邮湖、宝应湖、邵伯湖的统称，下同）渔业资源专项调查，调查统计出鱼类64种。

1985年，菱塘猪被扬州市政府列入“扬州农业名特产”目录。

1988年5月12日，江苏省政府批准成立“菱塘回族乡”，这是江苏省第一个、也是目前唯一一个少数民族乡。

1991年4月1日，正式撤县设市，建高邮市，实行计划单列。

1993年4月17日，第一届“中国双黄鸭蛋节”在高邮举办，截止到2017年，已连续举办了十二届。

2001年，高邮鸭（又称“高邮麻鸭”）荣获“全国农业标准化示范区产品”。

2002年6月24日，高邮咸鸭蛋被国家质检总局批准为“国家原产地域保护产品”（即今“国家地理标志产品”），这是继“贵州茅台”之后的全国第十例、继“镇江香醋”之后的江苏省第二例、全国农水产品首例获此殊荣者。

2002年9月，高邮鸭业园荣获“国家级高邮鸭农业标准化示范园”。

2002年，“高邮湖”牌高邮湖大闸蟹荣获中国绿色食品发展中心颁发的“绿色食品”标志。

2002年，“碧湖”牌、“河荡”牌鲫鱼被评为江苏省无公害农产品。

2005年，高邮鸭被认定为国家级畜禽遗传资源保护品种，进入国家水禽种质资源基因库。

2005年，“河荡”牌螃蟹、“碧湖”牌螃蟹通过“国家无公害食品”认定。

2005年，“河荡”牌鲫鱼、“碧湖”牌鲫鱼、“龙虬庄”牌鲫鱼通过国家无公害食品认证。

2005年，“横泾河”牌青虾通过国家无公害食品认定。

2006年，高邮鸭再入选农业部《国家级畜禽遗传资源保护名录》。

2008年初，高邮鸭蛋荣获国家工商总局颁发的“证明商标”，这是扬州市第一个获此殊荣的产品。

2008年，高邮湖湿地入选“国家重要湿地保护名录”。

2008年，“王鲜记”大闸蟹获“蟹王”称号。

2009年6月20日，高邮界首茶干制作技艺入选“第二批江苏省非物质文化遗产名录”。

2009年1月，农业部批准设立“高邮湖大银鱼湖鲚国家级水产种质资源保护区”。

2009年5月22日，首届“江苏高邮菱塘清真老鹅节”召开。

2010年，高邮鸭国家标准（GB/T 25244—2010）颁布。

2011年，“左岸”牌大闸蟹通过“江苏省无公害农产品”产地认证。

2014年，高邮界首茶干荣获“国家地理标志产品”认证。

2014年，在北京三联书店出版社出版的《最值得品尝的100种味道》中，“高邮双黄鸭蛋”位列第二。

2014年12月，农业部批准设立“高邮湖河蚬秀丽白虾国家级水产种质资源保护区”。

2015年10月29日，高邮咸鸭蛋传统制作工艺入选“第四批江苏省非物质文化遗产名录”。

2016年6月8日，第二届“江苏高邮菱塘清真老鹅节”召开。

2016年10月15日，高邮湖芦苇荡湿地公园制作的高邮湖芦根麻鸭汤荣获江苏省乡村美食大赛“金牌菜”称号。

2016年12月，高邮湖大闸蟹荣获“国家地理标志产品”认证。

2017年11月，农业部批准设立“高邮湖青虾国家级水产种质资源保护区”。

2018年，高邮鸭蛋荣获“2018全国绿色农业十佳畜牧地标品牌”称号。

2018年11月，中国农业博物馆主办“中国重要农业文化遗产主题展”，“江苏高邮湖泊地农业系统”作为华东地区代表之一成功展出。

2019年1月，第四届高邮湖水乡干塘节暨芦苇收割节召开。

2019年3月，高邮鸭集团荣登农民日报社“2019农业产业化龙头企业500强排行榜”，排名第135位。

附录2 旅游资讯

（一）游在高邮

1．高邮湖芦苇荡湿地公园

高邮湖芦苇荡湿地公园位于高邮湖东北滨，是高邮湖湿地的重要组成部分，总面积35千米^2，其中陆地面积8千米^2，水域面积达到27千米^2，现为“江苏省四星级旅游景区”“江苏省三星级乡村旅游区”“江苏省四星级乡村旅游示范点”。2015年，高邮湖芦苇荡湿地公园在“江苏最具特色乡村生态园”评选中荣获第一名。

高邮湖芦苇荡湿地公园

高邮湖芦苇荡湿地公园还原了高邮湖湖水文化的历史风貌，以“湖秀、水美、苇绿、景奇”串起人们美好的休闲时光。景区内湖草应时繁茂，万亩芦苇一望无际，广阔滩地绿草如茵，野生动植物丰富多样，被人们誉为“天然氧吧”。在这里，你可以登上“还珠亭”守望“甓社珠光”的神奇，可以置身“听鸟轩”与百鸟低语对话，还可以跨上“陈州桥”遥想包拯赈灾的传说。到此一游，让人洗净铅华，使人在与自然的亲近中脱俗，在一幅水墨画中展示自我。

与一般公园不同，即使是在万物归寂、景观价值锐减的秋冬季节，高邮湖芦苇荡湿地公园同样值得一去。秋季，这里的万亩芦苇，芦花白絮飘零，而且芦苇星罗棋布、错落别致，宛如一个巨大的芦苇迷宫。2017年，高邮湖芦苇荡荣获基尼斯“面积最大的原生态水上芦苇迷宫”的称号。而冬季的时候，湿润温暖的芦苇荡则变成了候鸟迁徙的“驿站”，每年来此越冬繁衍的鸟类近60种，一度呈现过“万鸟翔集、鹤舞鸥鸣”的壮丽奇观，是观鸟爱好者神往的胜地。

高邮湖芦苇荡

2. 江苏东湖湿地公园

江苏东湖湿地公园坐落在高邮市马棚镇，占地2 280亩，是江苏最早对外开放的乡村旅游湿地景区之一，目前是“全国优选旅游项目”“江苏省级湿地公园”“江苏省级水利风景区”，正在争创“国家5A级旅游景区”和“国家湿地公园”。

东湖湿地公园堪称湿地生态典范，这里湖上绿烟浓，碧堤杨柳风，深丛黄莺鸣，核心景区为占地1 200亩、万千池杉组成的“水上森林”区。穿梭其中，排排池杉遮天蔽日，只只鸟类翱翔其中。头顶鸟啭莺啼，脚下荷叶连生，让你零距离地感受人与自然的亲密和谐，体会“水清鱼读荷，林静鸟谈天”的休闲趣味。

与水上森林相邻的是面积达1 200亩的“清水潭”，潭水清澈，旱不枯、涝不溢，因“深”而名动一方，传说七斤二两麻线都沉不到潭底，清代文豪蒲松龄曾在这里留下足迹和诗传。此外，清水潭的“野鸭放飞”被誉为中华一绝，只听一声吆喝，数百只野鸭从树林中呼唤而出，翻飞舞蹈于空中，又落于水中追逐觅食，这一奇景曾被中央电视台、美国华语电视台先后报道过。

江苏东湖湿地公园

江苏东湖湿地公园

3. 龙虬庄遗址博物馆

龙虬庄遗址博物馆位于高邮市龙虬镇内，于2004年正式对外开放（一期），占地面积43 000米^2。博物馆以“龙虬庄遗址”为主体，1993年，该遗址发掘被评为“全国十大考古新发现”之一；2001年，被公布为“全国重点文物保护单位”；2011年，被评为“江苏省大遗址”；2016年，入选“全国优选旅游项目”名录；2016年，被列为“国家大遗址保护重点工程”，成功入选“十三五”国家大遗址专项保护规划。

龙虬庄遗址博物馆

龙虬庄遗址所代表的龙虬文化源远流长（距今7 000—5 500年前），被誉为“江淮文明之花”。它填补了江淮东部地区新石器时代早期古文化遗址的空白，同时是江淮东部地区最大的一处新石器时代早期遗址，无论是发现的文化遗迹，还是出土的文化遗物都是淮东最多。

对于游客来说，龙虬庄遗址博物馆有诸多看点和亮点，一是4 000多粒距今7 000—5 000年前的碳化稻米，将我国人工选育栽培水稻的历史提早到5 500

年前，且鉴定为人工栽培稻，其数量之多、颗粒之完整为全国罕见；二是出土的陶片陶文是在中国首次发现，要比甲骨文年代久远上千年，被认为很有可能是甲骨文的起源。三是出土了中国最早的筷子“骨箸”。

4. 盂城驿

盂城，即高邮的别称，取意于宋代词人秦少游描写家乡“吾乡如覆盂”的诗句，盂城驿故而得名。盂城驿位于江苏省高邮市南门大街东（高邮城南历史文化街区），毗邻京杭大运河东堤，现为“世界遗产”（为我国第46个世界遗产的京杭大运河重要组成部分）、“国家4A级旅游景区”“全国重点文物保护单位”，是彰显高邮古、文、邮、水旅游特色的重要景区。

盂城驿堪称中国邮驿“活化石”，始建于明朝洪武八年（1375年），因水路（京杭运河与高邮湖运道）而兴。原规模宏大，鼎盛时期有厅房100多间，马夫、水夫200多人，是全国规模最大、保存最

高邮盂城驿

完好的古代驿站。1993—1995年期间，在此基础上设立了中国唯一一座的邮驿博物馆，使古驿被赋予了新的时代使命。

5．文游台

文游台，坐落于高邮市区城北、江苏省道淮江公路旁，为两层重檐歇山顶，建筑面积420米^2，是古“秦邮八景”之一，现为“国家3A级旅游景区”“江苏省文物保护单位”。在抗日战争期间，文游台还被做过日军指挥部。

文游台始建于北宋太平兴国年间，原为东岳庙（即泰山庙），后苏轼过高邮与本地乡贤秦观、孙觉、王巩会集于此，饮酒论文，东岳庙遂改成“文游台”之名。从此，历朝历代名人雅士纷纷登台，一瞻风采，并留下许多不朽的诗文。景区中最具艺术价值的当属嵌

文游台

于盍簪堂四壁的《秦邮帖》，此帖乃清代嘉庆年间高邮知州师兆龙集苏东坡、黄庭坚、米元章、秦少游、赵子昂、董其昌等名家书法，由著名金石家钱泳勒刻而成。

抛开历史底蕴与文化气息，文游台本身还是一处不可多得的观景台。由于筑在东山顶端，所以登台四望，景致极好，东观禾田，西览湖天，秦少游所描绘的“吾乡如覆盂，地处扬楚脊，环以万顷湖，天粘四无壁”的水乡自然景象尽收眼底。

6．菱塘古清真寺

菱塘古清真寺

菱塘为江苏省唯一的少数民族乡，乡内有两座清真寺，以位于清真村的古清真寺最具历史厚重感。该寺占地面积3 500多米^2，民族风格浓郁，是江苏农村第一大清真古寺，“省级文物保护单位”。该寺始建于元朝末期，曾历经明朝中叶洪患冲毁后的被迫迁址、清初因规模扩大再次迁址、道光重建、民国创校翻新、“文革”时期遭毁、改革开放后再扩建等重大事件，已有600多年历史。古寺荣光最盛的时刻是沙特阿拉伯等海湾五国的驻华使节及夫人曾于1989年和2010年前来参观访问，并做了礼拜。

（二）食在高邮

1. 高邮双黄鸭蛋

高邮双黄鸭蛋为高邮最具特色和代表性的名产，有“高邮鸭蛋甲天下”之美誉。高邮双黄鸭蛋由“中国三大名鸭”之一的高邮麻鸭所产，每只都在75克以上，堪称“蛋中之王”，蛋内藏双珠，蛋白如璧玉，蛋黄似玛瑙，红白相间，珠联璧合，堪称一绝。最迟在北宋时期，高邮就被被作为皇室贡品。以高邮双黄鸭蛋为主要原料腌制而成的咸鸭蛋质沙细腻、红油浮脂，具有“鲜、细、嫩、红、沙、油”六大特点。目前，高邮咸鸭蛋制作工艺为江苏非物质文化遗产。

高邮双黄蛋

高邮咸鸭蛋

2. 高邮鸭馔

高邮鸭是高邮湖泊湿地区最具代表性的珍禽，与北京鸭、绍兴鸭并称为“全国三大名鸭”，同时也是国家级畜禽遗传资源保护品种。高邮鸭本身即具有“清纯、本味、中和”的风味特点，再加上淮扬菜系的精细刀工和制作，更添色、香、味。高邮人食鸭有千

全鸭宴

年历史，鸭馔种类多达百种，最值一荐的是“香酥麻鸭”“钗烧野鸭”“砂锅天地鸭”“全鸭宴”等。

3. 高邮湖大闸蟹

高邮湖大闸蟹是“国家地理标志产品”“全国十大名蟹”之一，具有“个大”“肉嫩”“背青”“肚亮”“爪金”“膏红”“腥浓”“味鲜”等多种特点，深受美食家们所爱。高邮湖大闸蟹的“成名史”亦很悠久，早在北宋年间就被列为皇室贡品，不少文人墨客，如秦少游、苏东坡、施今墨、汪曾祺等都是其拥趸，还流传有一桩桩的食坛美事。当地特色的大闸蟹食法有醉蟹、清蒸、蟹黄汪豆腐、蟹黄汤包等。

高邮湖大闸蟹

4. 秦邮董糖

秦邮董糖是高邮的传统名特产品，为江苏省非物质文化遗产之一。秦邮董糖原名酥糖，550年前才改称“董糖”，时明代永乐年间进士、高邮人董璘退养还乡后，为奉养寡母、慰藉慈亲而研制出了这种酥糖，后人敬董氏之孝心，便根据其籍贯（高邮）和其姓（董）而称为“董糖”，乾隆刊本《高邮州志》在“货属·董糖”条下注有“以董姓所置（制）得名”，并一直口口相传至今。

秦邮董糖

秦邮董糖用糯米粉、芝麻、白糖、麦芽等原料，手工精制而成。每块有48层软片组成，厚薄均匀，色泽呈深麦黄色，入口酥软，味美香甜，老少皆宜。它曾经在南洋劝业会、首届中国食品博览会和西湖国际食品博览会上载誉归来，因自身酥松柔绵、清香甘甜的独特风味而风靡于当地，不过该产品有一定的季节性，不适合在气温高的地区或季节储运。

5. 界首茶干

界首茶干是高邮的一道传统小吃，原产地为高邮界首镇，界首镇位于高邮正北，为本市古镇之一，因该镇位于高邮与宝应两县交界之处而得名。界首茶干呈扁圆形，色泽酱红，肉细嫩黄，清香可口，味美香醇，视觉与口感均神似鸡脯，而且美味之中蕴含了食疗的功能，茶干里面不仅有茴香、丁香、桂皮等中药材，还有一味叫“莳萝”的中药材，有异香，为别处所无。1911年和1927年，界首茶干两次参加西湖博览会，并连获金奖。2009年，界首茶干制作技艺入选“第二批江苏省非物质文化遗产”名录。2014年，界首茶干被列为“国家地理标志产品”。

界首茶干成名于清乾隆时期，传乾隆皇帝下江南，路经高邮界首镇，闻到岸上香味扑鼻，叫差役查询，原来是煮五香茶干的香味，乾隆帝品尝后大为赞赏，还为其题写了“界首茶干”的牌匾。从此，界首茶干便列为贡品，名扬四方，乾隆牌匾也一直被当地保存，直到“文革”中被销毁。最正宗的界首茶干由陈西楼茶干厂所产，名为“陈西楼五香茶干”，相传该厂已连续生产茶干300年，制作茶干的酱油全部采用最古老的方法手工酿制，最终用来浸泡茶干入味的酱油浓度极高，5千克普通酱油才能熬出0.5千克老卤。20世纪90年代，江泽民总书记来扬州，就用了陈西楼的精制茶干招待法国总统希拉克。朱镕基与夫人劳安来高邮的时候，中餐冷盘中也有陈西楼茶干，他们吃完之后破例又要了一盘，可见界首茶干味道绝美。

界首茶干

6. 珠湖鱼宴

珠湖鱼宴以高邮湖所产各类大小湖鱼为原材料，以淮扬刀工和烹饪手法制作而成，为高邮“六大名宴”之一。高邮湖水域宽阔，水质清淳，水草丰茂，湖中孕育有鲤、鲫、鳊、鲂、青、草、鲢、鳙、湖鲚、银鱼、鳜、鲶、乌鳢、鳗鲡等60多种鱼类，所以珠湖鱼宴不仅精细考究，而且味鲜质纯。其冷菜别具风采，有鱼跃龙门、七星彩蝶等；热菜则别开生面，有太极双鱼、蟹黄鱼羹、鸿运当头、清炖鱼珠、荷香粉鱼、鱼茸竹荪、奶汁鳜鱼等；点心更别出心裁，包括譬玉虾包、珠湖汤面等。

珠湖鱼宴

7. 高邮酱油面

高邮酱油面又称“高邮阳春面”，是中国著名传统小吃“阳春面”系列的典型代表之一，与“扬州阳春面”“上海阳春面”共享正宗阳春面的美名。高邮人早茶时，酱油面是大多数人选择的食物，其最大特色是只有面与调料组成，没有任何辅菜，调料也只有胡椒、酱油、味精、小葱、猪油等。高邮酱油面食材虽然简单，但汤清味鲜，清淡爽口，口感乃上佳，其美味的原

高邮酱油面

因在主调料酱油乃“秘制”而成，至今配方和制法在市面上未有售卖，所以在三大阳春面“支流”中，唯有高邮的阳春面被称为“酱油面”。

8. 菱塘老鹅

菱塘老鹅是以江苏地方优质鹅种“菱塘鹅”为原材料，以菱塘回族乡特有的清真烹饪手法为支撑的美味风鹅，具有独特的清真风味。菱塘鹅原产于菱塘回族乡，是高邮地区的优势鹅种，菱塘养鹅尤其多，菱塘鹅的常年数量超200万只。鹅也是菱塘居民重要的肉食来源之一，当地有“喝鹅汤，吃鹅肉，一年四季不咳嗽”的说法。菱塘鹅的清真烹饪手法十分丰富，或红烧，或做汤，或白卤，或清蒸，其中最具代表性和知名度的便是菱塘风鹅，曾在清朝时被列为贡品。

菱塘老鹅

（三）美俗佳节

1．七公会

高邮湖湿地渔民群体（尤其在新中国成立以前）盛行“做会”，当地有“发财如受罪，不是做斋就是做会”的说法，其中最为崇拜、最盛大的会便是“七公会”。“七公”乃北宋豪杰耿德裕，因在家中排行老七，所以人称“七公”。耿德裕曾任东平州通判，后因官场污浊而弃官隐居高邮，以渔为业，后皈依佛门。平日悬壶济世，抚恤孤寡，周济贫民，颇受当地人的爱重。相传七公仙风道骨，常在高邮湖上来去如风，所以每逢高邮湖风大作，渔民深受其害时，他们便会祭拜七公。久而久之，便演变形成了“七公会”。每年农历九月十七日，捕鱼旺季到来之前，渔民要做“七公会”，请来香火，唱起香火戏，以两只公猪头、一只公鸡、一条鲢鱼，升香燃烛，祭祀七公。丰收后，需再做会以拜谢七公。

七公会

2．端午节

端午节为我国重要的传统节日之一。在高邮，端午午饭必吃“十二红”，即十二道红颜色的菜，其中“十二红”

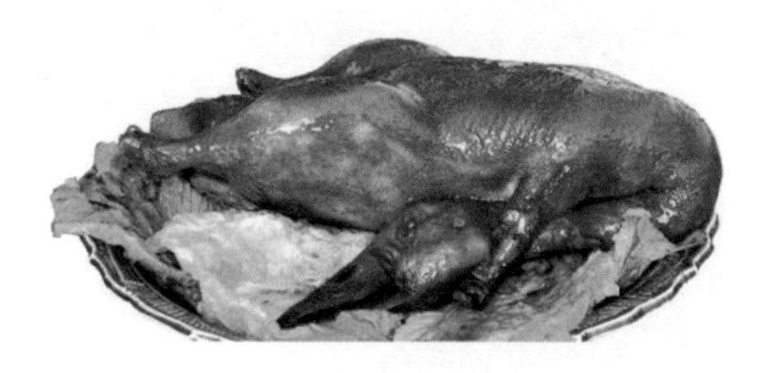

烤鸭

之首就是烤鸭，烤鸭体大透红，表示“大红大火”的意思；其二就是咸鸭蛋。鸭蛋似心状，暗合“保护心气神”之愿；鸭黄多红油，同样有红火避灾之意。

3. 中国双黄鸭蛋节

中国双黄鸭蛋节由高邮市政府主办，是高邮独有的一场盛会活动。双黄鸭蛋是高邮最为独特和最具知名度的“名片”，高邮人引以为豪，并以此作为主体举办了一个专门的节日。第一届“中国双黄鸭蛋节”于1993年举办，距今已有25年历史，截止到2018年，已连续举办了十四届。

4. 中国邮文化节

中国邮文化节由国家邮电部、国家文物局、中华全国集邮联合会、江苏省人民政府联合主办，由高邮市政府承办，是全国“邮界”共襄的一次盛会。悠久、深厚、盛行的邮文化是高邮能作为永久固定举办地的主要原因，高邮是全国2 000多个县市中唯一以“邮”命名的城市，也是中华集邮联合会命名的全国唯一县级“集邮之乡”。高邮因“邮”得名、随“邮”而兴，高邮人自古就支持邮传，参与邮传，就整个中国而言，鲜有像高邮这样“邮”元素如此多元的城市，当地除了拥有保存最完整、规模最大的盂城古驿外，还有“东方邮都网”的开通、“邮都

中国邮文化节

文化广场”的开放、首家“中国集邮家博物馆”的开馆、“邮文化产品研发设计中心”的创设，等等，而“中国邮文化节”自1997年举办第一届以来，延续至今已成功举办了八届。

5．江苏高邮菱塘老鹅节

第一届江苏高邮菱塘老鹅节（2009年）。此次老鹅节的活动包括开幕式文艺表演、鹅王选拔赛、数鹅蛋表演、吃老鹅头比赛、鹅制品企业展示、盐水鹅制作比赛、菱塘清真老鹅研讨会、品尝清真鹅宴等。

鹅美食

第二届江苏高邮菱塘老鹅节（2016年）。此次老鹅节的主题为“百年传承菱塘鹅，梦里回乡最美食”。具体活动包括第八届江苏省创新菜烹饪技术比赛（清真美食专场）、老鹅节美食嘉年华活动、菱塘鹅鹅宴制作比赛活动等。

第三届江苏高邮菱塘老鹅节（2018年）。此次老鹅节选在南京启幕，以“百年传承老鹅香，好事成双在菱塘”为主题，旨在让菱塘老鹅飞出菱塘，飞进城市，飞上大众的美食餐桌。

附录3 全球/中国重要农业文化遗产名录

1. 全球重要农业文化遗产

2002年，联合国粮食及农业组织（FAO）发起了全球重要农业文化遗产（Globally Important Agricultural Heritage Systems，GLAHS）保护项目，旨在建立全球重要农业文化遗产及其有关的景观、生物多样性、知识和文化保护体系，并在世界范围内得到认可与保护，使之成为可持续农业的典范和传统文化传承的载体。

按照FAO的定义，GIAHS是“农村与其所处环境长期协同进化和动态适应下所形成的独特的土地利用系统和农业景观，这些系统与景观具有丰富的生物多样性，而且可以满足当地社会经济与文化发展的需要，有利于促进区域可持续发展”。

据联合国粮食及农业组织官网显示，截至2019年6月，全球共有21个国家的57项传统农业系统被列入GIAHS名录，其中中国15项。

全球重要农业文化遗产（57项）

序号	区域	国家	系统名称	FAO批准年份
1	亚洲（9国、36项）	中国（15项）	中国浙江青田稻鱼共生系统 Rice Fish Culture, China,	2005
2			中国云南红河哈尼稻作梯田系统 Hani Rice Terraces, China	2010

（续）

序号	区域	国家	系统名称	FAO 批准年份
3	亚洲（9国、36项）	中国（15项）	中国江西万年稻作文化系统 Wannian Traditional Rice Culture, China	2010
4			中国贵州从江侗乡稻－鱼－鸭系统 Dong's Rice Fish Duck System	2011
5			中国云南普洱古茶园与茶文化系统 Pu'er Traditional Tea Agrosystem, China	2012
6			中国内蒙古敖汉旱作农业系统 Aohan Dryland Farming System, China	2012
7			中国河北宣化城市传统葡萄园 Urban Agricultural Heritage – Xuanhua Grape Garden, China	2013
8			中国浙江绍兴会稽山古香榧群 Kuajishan Ancient Chinese Torreya, China	2013
9			中国陕西佳县古枣园 Jiaxian Traditional Chinese Date Gardens, China	2014
10			中国福建福州茉莉花与茶文化系统 Fuzhou Jasmine and Tea Culture System, China	2014
11			中国江苏兴化垛田传统农业系统 Xinghua Duotian Agrosystem, China	2014
12			中国甘肃迭部扎尕那农林牧复合系统 Diebu Zhagana Agriculture-Forestry-Animal Husbandry Composite System, China	2017
13			中国浙江湖州桑基鱼塘系统 Huzhou Mulberry-dyke and Fish Pond System, China	2017
14			中国南方稻作梯田 Rice Terraces in Southern Mountainous and Hilly areas, China	2018

（续）

序号	区域	国家	系统名称	FAO 批准年份
15	亚洲（9国、36项）	中国（15项）	中国山东夏津黄河故道古桑树群 Xiajin Yellow River Old Course Ancient Mulberry Grove System, China	2018
16		菲律宾（1项）	菲律宾伊富高稻作梯田系统 Ifugao Rice Terraces, Philippines	2005
17		印度（3项）	印度藏红花农业系统 Saffron Heritage of Kashmir, India	2011
18			印度科拉普特传统农业系统 Koraput Traditional Agriculture, India	2012
19			印度喀拉邦库塔纳德海平面下农耕文化系统 Kuttanad Below Sea Level Farming System, India	2013
20		日本（11项）	日本能登半岛山地与沿海乡村景观 Noto's Satoyama and Satoumi, Japan	2011
21			日本佐渡岛稻田－朱鹮共生系统 Sado's Satoyama in Harmony with Japanese Crested Ibis, Japan	2011
22			日本静冈传统茶－草复合系统 Traditional Tea-grass Integrated System in Shizuoka, Japan	2013
23			日本大分国东半岛林－农渔复合系统 Kunisaki Peninsula Usa Integrated Forestry, Agriculture and Fisheries System, Japan	2013
24			日本熊本阿苏可持续草地农业系统 Managing Aso Grasslands for Sustainable Agriculture, Japan	2013
25			日本岐阜长良川流域渔业系统 Ayu of the Nagara River System, Japan	2015

（续）

序号	区域	国家	系统名称	FAO 批准年份
26	亚洲（9 国、36 项）	日本（11 项）	日本宫崎山地农林复合系统 Takachihogo-Shiibayama Mountainous Agriculture and Forestry System, Japan	2015
27			日本和歌山青梅种植系统 Minabe-Tanabe Ume System, Japan	2015
28			日本尾崎可持续稻作生产的传统水资源管理系统 Osaki Kôdo's Traditional Water Management System for Sustainable Paddy Agriculture, Japan	2017
29			日本西粟仓山地陡坡农作系统 Nishi-Awa Steep Slope Land Agriculture System, Japan	2017
30			日本静冈传统芥末栽培系统 Traditional Wasabi Cultivation in Shizuoka, Japan	2018
31		韩国（4 项）	韩国济州岛石墙农业系统 Jeju Batdam Agricultural system, Republic of Korea	2014
32			韩国青山岛板石梯田农作系统 Traditional Gudeuljang Irrigated Rice Terraces in Cheongsando, Republic of Korea	2014
33			韩国花开传统河东茶农业系统 Traditional Hadong Tea Agrosystem in Hwagae-myeon, Republic of Korea	2014
34			韩国锦山郡传统人参农业系统 Geumsan Traditional Ginseng Agricultural System, Republic of Korea	2018
35		斯里兰卡（1 项）	斯里兰卡干旱地区梯级池塘－村庄系统 The Cascaded Tank-Village System in the Dry Zone of Sri Lanka, Sri Lanka	2017

（续）

序号	区域	国家	系统名称	FAO 批准年份
36	亚洲（9 国、36 项）	孟加拉国（1 项）	孟加拉国浮田农作系统 Floating Garden Agricultural Practices, Bangladesh	2015
37	亚洲（9 国、36 项）	阿联酋（1 项）	阿联酋艾尔与里瓦绿洲传统椰枣绿种植系统 Al Ain and Liwa Historical Date Palm Oases, the United Arab Emirates	2015
38	亚洲（9 国、36 项）	伊朗（3 项）	伊朗喀山坎儿井灌溉系统 Qanat Irrigated Agricultural Heritage Systems of Kashan, Islamic Republic of Iran	2014
39	亚洲（9 国、36 项）	伊朗（3 项）	伊朗乔赞山谷地区传统葡萄种植系统 Grape Production System in Jowzan Valley, Islamic Republic of Iran	2018
40	亚洲（9 国、36 项）	伊朗（3 项）	伊朗传统藏红花种植系统 Qanat-based Saffron Farming System in Gonabad, Islamic Republic of Iran	2018
41	非洲（6 国、8 项）	阿尔及利亚（1 项）	阿尔及利亚埃尔韦德绿洲农业系统 Ghout System	2005
42	非洲（6 国、8 项）	突尼斯（1 项）	突尼斯加法萨绿洲农业系统 Gafsa Oases, Tunisia	2005
43	非洲（6 国、8 项）	肯尼亚（1 项）	肯尼亚马赛草原游牧系统 Oldonyonokie/Olkeri Maasai Pastoralist Heritage, Kenya	2008
44	非洲（6 国、8 项）	坦桑尼亚（2 项）	坦桑尼亚马赛游牧系统 Engaresero Maasai Pastoralist Heritage Area, Tanzania	2008
45	非洲（6 国、8 项）	坦桑尼亚（2 项）	坦桑尼亚基哈巴农林复合系统 Shimbwe Juu Kihamba Agro-forestry Heritage Site, Tanzania	2008

（续）

序号	区域	国家	系统名称	FAO 批准年份
46	非洲（6 国、8 项）	摩洛哥（2 项）	摩洛哥阿特拉斯山脉绿洲农业系统 Oases System in Atlas Mountains, Morocco	2011
47			摩洛哥坚果农牧系统 Argan-based agro-sylvo-pastoral system within the area of Ait Souab-Ait and Mansour, Morocco	2018
48		埃及（1 项）	埃及锡瓦绿洲椰枣生产系统 Siwa Oasis, Egypt	2016
49	欧洲（3 国、6 项）	西班牙（3 项）	西班牙拉阿哈基亚葡萄干生产系统 Malaga Raisin Production System in La Axarquía, Spain	2017
50			西班牙阿尼亚纳海盐生产系统 The Agricultural System of Valle Salado de Añana, Spain	2017
51			西班牙古老橄榄树系统 The Agricultural System Ancient Olive Trees Territorio Sénia, Spain	2018
52		意大利（2 项）	意大利温布里亚地区山坡橄榄树林系统 Olive Groves of the Slopes between Assisi and Spoleto, Italy	2018
53			意大利苏阿维传统葡萄园 Soave Traditional Vineyards, Italy	2018
54		葡萄牙（1 项）	葡萄牙巴罗佐农－林－牧系统 Barroso Agro-sylvo-pastoral System, Portugal	2018
55	美洲（3 国、3 项）	智利（1 项）	智利智鲁岛屿农业系统 Chiloé Agriculture, Chile	2005

（续）

序号	区域	国家	系统名称	FAO 批准年份
56	美洲（3国、3项）	秘鲁（1项）	秘鲁安第斯高原农业系统 Andean Agriculture, Peru	2005
57		墨西哥（1项）	墨西哥传统架田农作系统 Chinampa system in Mexico, Mexico	2017

2．中国重要农业文化遗产

我国有着悠久灿烂的农耕文化历史，加上不同地区自然与人文的巨大差异，创造了种类繁多、特色明显、经济与生态价值高度统一的重要农业文化遗产。这些都是我国劳动人民凭借独特而多样的自然条件和他们的勤劳与智慧，创造出的农业文化的典范，蕴含着天人合一的哲学思想，具有较高的历史文化价值。农业农村部于2012年开始中国重要农业文化遗产发掘工作，旨在加强我国重要农业文化遗产的挖掘、保护、传承和利用，从而使中国成为世界上第一个开展国家级农业文化遗产评选与保护的国家。

中国重要农业文化遗产是指“人类与其所处环境长期协同发展中，创造并传承至今的独特的农业生产系统，这些系统具有丰富的农业生物多样性、传统知识与技术体系和独特的生态与文化景观等，对我国农业文化传承、农业可持续发展和农业功能拓展具有重要的科学价值和实践意义”。

截至2019年6月，全国共有4批91项传统农业系统被认定为中国重要农业文化遗产。

中国重要农业文化遗产（91项）

序号	省份	系统名称	批准年份
1	北京（2项）	北京平谷四座楼麻核桃生产系统	2015
2		北京京西稻作文化系统	2015
3	天津（1项）	天津滨海崔庄古冬枣园	2014
4	河北（5项）	河北宣化传统葡萄园	2013
5		河北宽城传统板栗栽培系统	2014
6		河北涉县旱作梯田系统	2015
7		河北迁西板栗复合栽培系统	2017
8		河北兴隆传统山楂栽培系统	2017
9	内蒙古（3项）	内蒙古敖汉旱作农业系统	2013
10		内蒙古伊金霍洛旗农牧生产系统	2017
11		内蒙古阿鲁科尔沁草原游牧系统	2014
12	辽宁（3项）	辽宁鞍山南果梨栽培系统	2013
13		辽宁宽甸柱参传统栽培体系	2013
14		辽宁桓仁京租稻栽培系统	2015
15	吉林（3项）	吉林延边苹果梨栽培系统	2015
16		吉林柳河山葡萄栽培系统	2017
17		吉林九台五官屯贡米栽培系统	2017
18	黑龙江（2项）	黑龙江托远赫哲族鱼文化系统	2015
19		黑龙江宁安响水稻作文化系统	2015
20	江苏（4项）	江苏兴化垛田传统农业系统	2013
21		江苏泰兴银杏栽培系统	2015
22		江苏高邮湖泊湿地农业系统	2017
23		江苏无锡阳山水蜜桃栽培系统	2017

（续）

序号	省份	系统名称	批准年份
24	浙江（8项）	浙江青田稻鱼共生系统	2013
25		浙江绍兴会稽山古香榧群	2013
26		浙江杭州西湖龙井茶文化系统	2014
27		浙江湖州桑基鱼塘系统	2014
28		浙江庆元香菇文化系统	2014
29		浙江仙居杨梅栽培系统	2015
30		浙江云和梯田农业系统	2015
31		浙江德清淡水珍珠传统养殖与利用系统	2017
32	安徽（4项）	安徽寿县芍陂（安丰塘）及灌区农业系统	2015
33		安徽休宁山泉流水养鱼系统	2015
34		安徽铜陵白姜生产系统	2017
35		安徽黄山太平猴魁茶文化系统	2017
36	福建（4项）	福建福州茉莉花种植与茶文化系统	2013
37		福建尤溪联合梯田	2013
38		福建福鼎白茶文化系统	2017
39		福建安溪铁观音茶文化系统	2014
40	江西（4项）	江西万年稻作文化系统	2013
41		江西崇义客家梯田系统	2014
42		江西南丰蜜橘栽培系统	2017
43		江西广昌传统莲作文化系统	2017
44	山东（4项）	山东夏津黄河故道古桑树群	2014
45		山东枣庄古枣林	2015
46		山东乐陵枣林复合系统	2015
47		山东章丘大葱栽培系统	2017

（续）

序号	省份	系统名称	批准年份
48	河南（2项）	河南灵宝川塬古枣林	2015
49		河南新安传统樱桃种植系统	2017
50	湖北（2项）	湖北赤壁羊楼洞砖茶文化系统	2014
51		湖北恩施玉露茶文化系统	2015
52	湖南（4项）	湖南新化紫鹊界梯田	2013
53		湖南新晃侗藏红米种植系统	2014
54		湖南新田三味辣椒种植系统	2017
55		湖南花垣子腊贡米复合种养系统	2017
56	广东（1项）	广东潮安凤凰单丛茶文化系统	2014
57	广西（3项）	广西龙胜龙脊梯田系统	2014
58		广西隆安壮族“那文化”稻作文化系统	2015
59		广西恭城月柿栽培系统	2017
60	海南（2项）	海南海口羊山荔枝种植系统	2017
61		海南琼中山兰稻作文化系统	2017
62	重庆（1项）	重庆石柱黄连生产系统	2017
63	四川（5项）	四川江油辛夷花传统栽培体系	2014
64		四川苍溪雪梨栽培系统	2015
65		四川美姑苦荞栽培系统	2015
66		四川盐亭嫘祖蚕桑生产系统	2017
67		四川名山蒙顶山茶文化系统	2017
68	贵州（2项）	贵州从江侗乡稻鱼鸭复合系统	2013
69		贵州花溪古茶树与茶文化系统	2015
70	云南（7项）	云南红河哈尼稻作梯田系统	2013
71		云南漾濞核桃－作物复合系统	2013

（续）

序号	省份	系统名称	批准年份
72	云南（7项）	云南普洱古茶园与茶文化系统	2013
73		云南广南八宝稻作生态系统	2014
74		云南剑川稻麦复种系统	2014
75		云南双江勐库古茶园与茶文化系统	2015
76		云南腾冲槟榔江水牛养殖系统	2017
77	陕西（3项）	陕西佳县古枣园	2013
78		陕西凤县大红袍花椒栽培系统	2017
79		陕西蓝田大杏种植系统	2017
80	山西（1项）	山西稷山板枣生产系统	2017
81	甘肃（4项）	甘肃迭部扎尕那农林牧复合系统	2013
82		甘肃岷县当归种植系统	2014
83		甘肃皋兰什川古梨园	2013
84		甘肃永登苦水玫瑰农作系统	2015
85	宁夏（3项）	宁夏灵武长枣种植系统	2014
86		宁夏中宁枸杞种植系统	2015
87		宁夏盐池滩羊养殖系统	2017
88	新疆（4项）	新疆吐鲁番坎儿井农业系统	2013
89		新疆哈密市哈密瓜栽培与贡瓜文化系统	2014
90		新疆奇台旱作农业系统	2015
91		新疆伊犁察布查尔布哈农业系统	2017